WILLMS BUHSE

MANAGEMENT
BY INTERNET

Neue Führungsmodelle für Unternehmen in Zeiten der digitalen Transformation

 Unternehmen im Wandel

 Digitale Medien als Werkzeugkoffer für Veränderer

 Vernetzung, Offenheit, Partizipation und Agilität als Werte einer neuen Unternehmenskultur

PLASSEN
VERLAG

Copyright der deutschen Ausgabe 2014:
© Börsenmedien AG, Kulmbach

Manuskripterstellung: Christoph Lixenfeld
Gestaltung Cover: Jürgen Hetz, denksportler Grafikmanufaktur
Gestaltung, Satz und Herstellung: Martina Köhler
Lektorat: Elke Blanek
Korrektorat: Egbert Neumüller
Druck: GGP Media GmbH, Pößneck

ISBN 978-3-86470-172-6

Bibliografische Information der Deutschen Nationalbibliothek:
Die Deutsche Nationalbibliothek verzeichnet diese Publikation in der
Deutschen Nationalbibliografie; detaillierte bibliografische Daten
sind im Internet über <http://dnb.d-nb.de> abrufbar.

Postfach 1449 • 95305 Kulmbach
Tel: +49 9221 9051-0 • Fax: +49 9221 9051-4444
E-Mail: buecher@boersenmedien.de
www.plassen.de
www.facebook.com/plassenverlag

INHALT

VORWORT

Führung und Vernetzung:
Otto und der digitale Wandel

Turbulenzen sind unregelmäßige und nicht vorhersehbare Störungen. Im Wirtschaftsleben entstehen sie aus Komplexität, Dynamik und Wettbewerb. Keiner dieser Faktoren wird in den kommenden Jahren an Bedeutung verlieren, im Gegenteil. Wir werden noch mehr Komplexität erleben und auch noch mehr Umbrüche als in den zurückliegenden Jahren. Für mich und für die Otto Group als Unternehmen stellt sich nicht die Frage ob, sondern wann der nächste Umbruch kommen wird.

Deshalb bereiten wir uns vor. Ein Mittel dazu ist Innovation im Sinne eines permanenten Hinterfragens des Bestehenden. Das Geschäftsmodell der Otto Group heißt Dialoghandel, und das bedeutet, dass wir in dauerhaftem Dialog stehen mit den Kunden, Feedback aufnehmen, von ihnen lernen, eben nie stehen bleiben und zufrieden sind. Denn Kunden sehen sich heute sehr genau an, mit wem sie zusammenarbeiten. Sie wollen wissen: Was ist das für ein Unternehmen, dem ich mein Geld anvertraue? Ist das Unternehmen glaubwürdig?

Und zu dieser Glaubwürdigkeit gehört auch die richtige Führung. Nur mit glaubwürdigen Managern überzeugen Sie am Ende die Kunden, und erst recht gewinnen Sie nur mit glaubwürdigen Managern die besten Talente für sich. Denn auch potenzielle Mitarbeiter sehen sich das Unternehmen, für das sie arbeiten wollen, sehr genau an. Sie fragen: Wie zukunftssicher ist die Firma? Wie spannend sind die Aufgaben, die mich erwarten? Und sie fragen: Für wen arbeite ich eigentlich? Wer wird hier mein Boss? Will ich für ihn arbeiten? Bei der Antwort auf diese Frage spielt Glaubwürdigkeit eine überragende Rolle. Kluge, engagierte Leute folgen denjenigen, die sie für glaubwürdig halten.

Wichtig für Manager ist neben Glaubwürdigkeit auch, beständig zu sein in der Zielausrichtung, die ausgegebenen Ziele nicht ständig zu ändern. Und diese Beständigkeit den Mitarbeitern gegenüber deutlich zu kommunizieren. Gerade in Zeiten, in denen sich Wege, auf denen Unternehmen ihre Ziel ansteuern, häufig ändern und ändern müssen, müssen die Ziele an sich unmissverständlich für alle klar sein.

Die Otto Group lernt bei ihrem Wandel hin zu einem E-Commerce-Unternehmen in rasantem Tempo dazu, und Dr. Willms Buhse unterstützt uns bei diesem Prozess maßgeblich. Er versteht es, jene Brücken zu bauen, die gerade für die digitale Transformation eines Traditionsunternehmens so wichtig sind. Unsere Tradition und unsere gewachsene Struktur, die Vielfalt unserer Marken: All das ist unsere große Stärke und Herausforderung zugleich. Wir wollen unsere Stärken erhalten und Neues gewinnen. Das gelingt nur mit einer talentierten, hoch motivierten Mannschaft, die diesen Weg mitgeht. Die dazu notwendige Inspiration vermitteln Dr. Willms Buhse und sein Unternehmen doubleYUU der Otto Group seit fünf Jahren mit einer Vielzahl von Vorträgen und Workshops. Er ist in der Lage, Mitarbeitern ebenso wie Führungskräften jene digitale „Denke" zu vermitteln, die für unseren Weg so wichtig ist.

Natürlich geht es dabei auch um Vernetzungswerkzeuge, also um Technik. Aber Dr. Buhse vermittelt viel mehr als das: Er sensibilisiert Organisationen dafür, wie (lebens-)wichtig jener Mentalitätswandel ist, den uns das Internet und seine Kraft zur Veränderung diktieren. Und er vermittelt, welche ungeheuren Chancen darin liegen. Wie motivierend für alle eine Zusammenarbeit ist, die auf den Prinzipien Vernetzung, Offenheit und Partizipation beruht. Welche kreativen Kräfte frei werden, wenn Führungskräfte lernen, loszulassen, kooperativ zu führen, zu vertrauen.

Wir bei der Otto Group werden und müssen uns noch mehr darauf einlassen, weil wir davon überzeugt sind, dass hierin eine wichtige Antwort auf jene Fragen liegt, die uns die aktuellen und auch kommende Turbulenzen stellen werden. Wir wollen und werden vorbereitet sein. Und: Nur jener Wandel, den wir mithilfe von

Dr. Willms Buhse und seinem Team vollziehen, versetzt uns in die Lage, auch weiterhin die besten Talente für uns zu gewinnen.

Und das ist der Schlüssel zum Erfolg. Denn egal, wie die Frage lautet, die Talentiertesten finden immer eine Antwort darauf.

Hans-Otto Schrader
Vorstandsvorsitzender der Otto Group

DANKSAGUNG

D ieses Buch war ein großer Traum von mir. Nach vielen Herausgeberbänden wollte ich das Thema „Führen in der digitalen Transformation", an dem ich die letzten zehn Jahre leidenschaftlich gearbeitet habe, aufarbeiten.

Ursprünglich sollte dies ein theoretisches Buch werden – aber mein erster Workshop zu diesem Buch vor fast vier Jahren belehrte mich eines anderen. Unisono hörte ich von Gudrun Porath, Regina Fuhrmann, Jörg Stark, Dr. Jan-Philip Maaß-Emden und Dr. Dirk Günnewig: „Willms, wir wollen wissen, wie du deine Ideen in Unternehmen umsetzt und was du so an Geschichten erlebst." Ich danke euch für diesen ehrlichen Impuls!

Mein Dank gilt demzufolge allen Menschen, mit denen ich gearbeitet habe, für ihre Offenheit und das ehrliche Feedback – ob in meinen Workshops, in Beratungsprojekten oder von meinen Kollegen. Und ihrer Bereitschaft, das Wissen mit meinen Lesern zu teilen – ob in diesem Buch oder in meinem Blog. Ohne sie gäbe es dieses Buch nicht.

An Lars Reppesgaard und Christoph Lixenfeld geht ein großer Dank für die geduldige Unterstützung bei der Erstellung dieses Manuskripts.

Abschließend gilt mein Dank meiner Familie – inklusiver meiner Schwiegereltern –, die es mir erlaubt hat, mich für mehrere Wochenenden in die Einsamkeit zurückzuziehen, um dieses Buch reifen zu lassen.

Damit die vorgestellten Methoden weiter reifen können, freue ich mich persönlich über Vernetzung und Ihr Feedback – gerne via Xing, LinkedIn oder Twitter.

Und nun, lieber Leser, wünsche ich viel Inspiration und – viel wichtiger – die Motivation, Neues umzusetzen und vielleicht ein Digital Leader zu werden!

Dr. Willms Buhse
Laboe, März 2014

EINLEITUNG

Wie ich den Niedergang
der Musikindustrie miterlebte –
und was andere daraus hätten
lernen können

Das Internet zu nutzen ist für die meisten von uns eine Selbstverständlichkeit. Online Nachrichten lesen, Reisen buchen, einkaufen oder über die Suchmaschine Google nach Informationen suchen – all das gehört für uns längst zum Alltag.

Im Grunde nutzen wir das Web dabei aber wie eine Zeitung, einen Katalog oder ein Lexikon. Der einzige Unterschied zu früher ist, dass wir die benötigten Infos auf einem Bildschirm sehen und nicht auf Papier.

Und dennoch überrascht uns das Internet immer wieder: durch neue Angebote, neue Technologien oder auch durch viele Umwälzungen in der realen Welt, die die Vernetzung hervorruft.

Eine Herausforderung für viele Menschen, die das Internet nutzen, ist nach wie vor die Welt der sozialen Netzwerke wie Facebook, LinkedIn oder Twitter. Facebook wird in Deutschland von Millionen von Menschen genutzt. Viele andere halten es dagegen für Zeitverschwendung oder für eine Verletzung der Privatsphäre, in so einem Netzwerk Freunden Mitteilungen zu schreiben und zu lesen oder auf Bildern zu sehen, was diese gerade tun. Im Gegensatz zu Themen wie Online-Shopping oder Informationssuche polarisieren soziale Netzwerke noch immer und lösen mitunter heftige Diskussionen aus.

Welche Muster hinter solchen Kommunikationsplattformen stecken und welche unglaublichen Möglichkeiten sich bieten, das wissen nur diejenigen, die sich aus privatem Interesse oder beruflichem Erfordernis intensiv damit beschäftigt haben.

Für alle anderen ist es Neuland. [1] Auch die Details jener Kulturtechniken und Fertigkeiten, die wir zur Nutzung sozialer Netzwerke eigentlich brauchen, sind noch längst nicht allen Menschen in Fleisch und Blut übergegangen. Gerade in Deutschland tun wir uns im internationalen Vergleich schwer mit dem Thema Vernetzung.

---

1. Bundeskanzlerin Angela Merkel hatte im Sommer 2013 beim Besuch des amerikanischen Präsidenten Barack Obama gesagt: „Das Internet ist für uns alle Neuland." Dies löste eine Welle der Belustigung und Empörung aus.

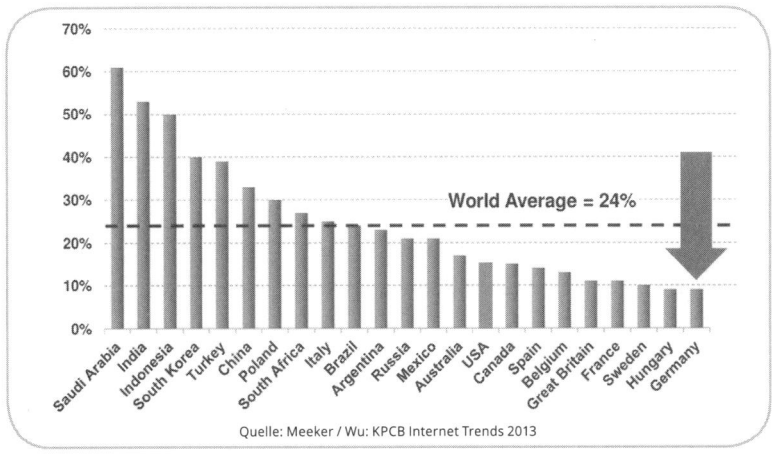

Quelle: Meeker / Wu: KPCB Internet Trends 2013

Abbildung 1: Sich zu vernetzen und Inhalte zu teilen ist in Deutschland weit weniger verbreitet als in anderen Ländern.

Wie und wozu man ein Profil mit Kurzbeschreibungen über die eigene Person anlegt, wie das Vernetzen mit Freunden und Gleichgesinnten auf Grundlage dieser Profilinformationen funktioniert; welchen Nutzen es bringt und wie es sich anfühlt, wenn man nicht nur als Leser, sondern auch als Schreiber am permanenten Austausch im Netzwerk teilnimmt: All das ist in der Tat für viele Menschen eine neue Erfahrung.

Jeder kann ein Massenpublikum erreichen

Sich damit auseinanderzusetzen ist aber gerade für Manager unerlässlich. Weil viele Unternehmen schon heute zu spüren bekommen, welche Kraft zur Veränderung soziale Medien besitzen. Und die Entwicklung hat gerade erst begonnen, wir werden auf diesem Gebiet noch viele Überraschungen erleben. Besser also, Sie sind darauf vorbereitet.

Soziale Medien haben eine ganz neue Art der Kommunikation begründet. Sie sind keine Informations-Einbahnstraße vom Sender zum Empfänger, sondern mit ihrer Hilfe können Menschen zum Beispiel auf sehr effiziente Weise der Meinung anderer widersprechen. Niemand muss mehr einfach hinnehmen, was Politiker über die unterschiedlichsten Kanäle verbreiten. Wer sich über etwas ärgert, kann seine Empörung sehr wirkungsvoll und schnell verbreiten – indem er sie seinem virtuellen Freundeskreis „erzählt", diese Freunde leiten die Nachricht wiederum an ihre Freunde weiter, die wiederum …

Durch diesen Schneeballeffekt können alle Menschen ein Massenpublikum erreichen – und nicht nur einflussreiche Politiker, bekannte Fernsehmoderatoren oder Popstars.

Wo immer wir hinkommen, das Netz ist schon da

Aber diese Möglichkeiten gibt es erst seit wenigen Jahren. Auch Smartphones, die aus dem Leben zumindest der unter Dreißigjährigen nicht mehr wegzudenken sind, prägen erst seit Kurzem – dafür aber massiv – unser Leben. Die ebenfalls jungen Tablet-PCs haben die Vorstellung davon, wie ein Computer zu sein hat, nachhaltig verändert. Auch Cloud-Computing und Big Data, also das Lagern und Analysieren großer Datenmengen im Internet, immer und überall verfügbar, ist viel jünger als das Internet selbst.

Egal, was wir heute tun und wo wir hinkommen: Das Netz ist schon da. In unserer Wohnung, im Zug oder im Café. Und erst recht im Büro. Die soziale Vernetzung ebenfalls. Gemeinsam lassen diese beiden Phänomene keinen Stein auf dem anderen, wirbeln eine Branche nach der anderen durcheinander, zerstören über Nacht Geschäftsmodelle und bringen ebenso schnell neue hervor.

Das Internet hat schon viele Branchen umgepflügt. Seine alles umwälzende Kraft und die daraus entstehende Umbruchsituation faszinieren mich. Damit umzugehen und sich zu überlegen, wie wir diese Kraft nutzen können, um nachhaltig Erfolg zu haben, das beschäftigt mich schon mein ganzes Berufsleben lang. Als zum ersten Mal in der Geschichte eine ganze Branche durch das Internet an den Rand des Abgrunds geriet, war das neue Medium Internet wirklich für die Mehrheit der Menschen noch ein unbekanntes Land. Ich habe es hautnah miterlebt, damals, um die Jahrtausendwende, als ich in New York und im Silicon Valley für Bertelsmann arbeitete. Genau zu dieser Zeit begingen die Führungskräfte in meiner damaligen Branche, der Musikindustrie, genau jene Fehler, deren Folgen unzählige Labels ruinierten, Arbeitsplätze vernichteten und die Strukturen der Branche nachhaltig veränderten. Auslöser der Erschütterungen war die Digitalisierung, also die Verwandlung von Produkten, die wir bisher in die Hand nehmen konnten, in Datenpakete.

Eigentlich erstaunlich, dass genau jene Menschen, die davon lebten, neue Trends zu erkennen, in diesem Fall nicht dazu in der Lage waren, die Logik des Internets und deren Folgen richtig einzuschätzen. Dass die vielen Musikmanager und Trendscouts nicht gesehen haben, dass Musik schon bald völlig anders konsumiert werden würde als bisher. Und diese Ignoranz lag keineswegs an fehlendem technischen Verständnis. Die Möglichkeiten haben ihnen schon eingeleuchtet. Aber was sie da vor sich sahen, passte nicht in ihr Wertemuster: Sie sahen Vernetzung, Offenheit, Partizipation und Agilität, die Prinzipien des Internets eben. [2]

Diese Prinzipien standen für das Gegenteil von dem, woran sie glaubten. Sie passten nicht zu der Art und Weise, wie damals das Geschäft funktionierte. Die Musikmanager glaubten an mächtige Plattenfirmen und an die Abhängigkeit der Musiker von diesen. Die Industrie bestimmte, was produziert und wie es verteilt wurde, und zu welchem Preis. Wer diese hierarchische Welt infrage stellte, galt als Fantast oder wenigstens als ungeeignet für dieses Geschäft.

---

2. Diese vier Prinzipien lassen sich leicht verinnerlichen, indem man sich ihre Anfangsbuchstaben merkt. Vernetzung, Offenheit, Partizipation und Agilität gleich VOPA. Und wer sie nicht anwendet – kleine Eselsbrücke –, begeht einen Fauxpas.

Wenn sie verstanden hätten, dass es Technologien gibt, die in jedem Fall ihren Markt finden, dass solche Technologien immer auch das Denken und Wünschen verändern und dass die MP3-Technologie eine solche Erfindung ist, dann hätten sie schon sehr viel früher die Profiteure sein können – und nicht warten müssen, bis ihnen Branchenfremde wie der Computer- und Softwareanbieter Apple zeigen, wie man mit der Idee Geld verdient.

Die Erfindung des MP3-Verfahrens änderte alles

Seit dieser Zeit hat das Internet unzählige weitere Branchen umgepflügt und bis heute kommen mit beängstigender Regelmäßigkeit neue Geschäftsmodelle in Bedrängnis. In der Regel machten und machen die Manager in den betroffenen Unternehmen ähnliche Fehler wie damals die Macher der Musikindustrie. Deshalb lohnt es sich, einmal genauer zu betrachten, was damals passiert ist.

Ausgangspunkt der Entwicklung war das Jahr 1992. In jenem Jahr definierte eine Gruppe von Entwicklern des Fraunhofer-Instituts für Integrierte Schaltungen in Erlangen um den Elektrotechnik-Ingenieur und Mathematiker Karlheinz Brandenburg den Standard einer Technologie, mit dem sich die Größe von Musikdateien extrem reduzieren ließ, ohne dass die Musik dadurch wesentlich schlechter klang.

Das daraus entstandene MP3-Verfahren ist heute das Format, in dem die meisten digitalisierten Musikstücke gespeichert und weltweit über Datennetze ausgetauscht werden. Die Erfindung hat Karlheinz Brandenburg Ruhm und Geld eingebracht und die Fraunhofer-Gesellschaft erzielt durch sie bis heute jedes Jahr „einen hohen zweistelligen Millionenbetrag"[3].

Natürlich war dieser Mega-Erfolg 1992 noch nicht absehbar. Aber gerade Karlheinz Brandenburg hatte schon früh versucht, die Musik-

---

3. http://www.mp3-geschichte.de/content/dam/mp3geschichte/de/documents/mp3_Broschuere_A4_16S_Low.pdf

industrie für seine Technik zu begeistern und gemeinsame Projekte auf den Weg zu bringen. Im Oktober 1994 stellte er einer (damals noch) deutschen Plattenfirma in München die MP3-Technologie vor. Und erntete „höfliches Desinteresse", wie Brandenburg mir einmal erzählt hat.

Napster breitete sich aus wie eine Epidemie

Deutlich schneller als die Label-Bosse begriff 1998 ein 18-jähriger Student das sagenhafte Potenzial der MP3-Idee. Shawn Fanning entwickelte in diesem Jahr Napster. Die erste populäre Internetplattform, mit der sich Dateien zwischen normalen Benutzern austauschen ließen, ging 1999 online und wuchs mit einer Geschwindigkeit, die an sich epidemisch ausbreitende Krankheiten erinnert. Napster brauchte lediglich sieben Monate, um aus einer Million Benutzern 50 Millionen zu machen. Zu jener Zeit war die Plattform die am schnellsten wachsende Gemeinschaft in der Geschichte des Internets.

„Wir veränderten die Welt, allerdings ohne damit geschäftlichen Erfolg zu haben", formulierte es Dan Dodge, damals Chef der Produktentwicklung bei Napster, einmal rückblickend. Die Plattform war zwar als Werkzeug für kostenlose Downloads gestartet, aber die Macher hatten von Beginn an das Ziel, mit Napster Geld zu verdienen – und zwar in Zusammenarbeit mit den Plattenfirmen.

Aber am Anfang bekamen Shawn Fanning und seine Kollegen noch nicht einmal einen Termin bei den Bossen, in der Branche nahm ihn schlicht niemand ernst. Das änderte sich schnell. In weniger als sechs Monaten mutierte Napster von einer unbekannten Untergrundtechnologie zur größten Bedrohung, der sich die Musikindustrie jemals gegenübergesehen hatte. Doch statt über Kooperationen nachzudenken, wünschten die Plattenbosse der jungen Firma schlicht den Tod.

Die Plattenbosse beschäftigten sich vor allem mit ihrer Angst

Das Geschäftsmodell ähnelte sehr dem heutigen von Apples iTunes – einer Plattform, der es Jahre später erstmals gelang, digitalisierte Musik zu einem Geschäft zu machen. Napster wollte der Online-Vertriebskanal für die Plattenindustrie werden, eine große Zahl von Kunden für guten Service und gute Produkte via Internet zur Kasse bitten. Die Käufer sollten sich die Lieder als MP3s herunterladen – gegen Bezahlung. Die Labels hätten dabei den größten Teil des Umsatzes für sich behalten. Und die potenziellen Umsätze waren beeindruckend. Napster hatte, wie gesagt, etwa 50 Millionen User. Wenn nur 20 Prozent davon bereit gewesen wären, fünf Dollar im Monat für Musikdownloads auszugeben, hätte sich die Sache für alle gelohnt.

Das Risiko für die Plattenfirmen hielt sich in sehr engen Grenzen. Napster bot ihnen einen Vertriebskanal, der keinerlei Investitionskosten erforderte und auch keine laufenden Kosten mit sich brachte. Außerdem ermöglichte es die Online-Plattform, auch in kleinen Nischen des Marktes Geld zu verdienen, mit einer neuen Form von skandinavischem Folkrock zum Beispiel, für die sich vielleicht nur 30.000 Leute interessierten. Für die notwendige Promotion hätte das Netz gesorgt und für den Vertrieb auch. Wie perfekt so etwas heute funktioniert, davon werde ich in Kapitel 2 noch ausführlich berichten.

Die Plattenbosse wollten allerdings von all dem nichts hören. Das Einzige, womit sie sich beschäftigten, war ihre Angst vor den Einbrüchen beim CD-Absatz durch den neuen Online-Vertriebsweg.

Der durch MP3 und Napster befeuerte Umbruch in der Musikindustrie hat mich lange hautnah beschäftigt und fasziniert mich bis heute. Mit Karlheinz Brandenburg habe ich vor 15 Jahren an einem offenen Standard zum Musikaustausch gearbeitet – in der Hoffnung, so einen positiven Impuls für die Industrie setzen zu können. Zeitgleich arbeitete ich an der legalen Version von Napster, die gestartet wurde, nachdem Bertelsmann 2002 in die Plattform investiert hatte, und half dort, die ersten neuen Technologien zu entwickeln. Die Umbruchphase, als binnen kürzester Zeit die Zahl der verkauften CDs in den Keller rauschte und die Zahl der heruntergeladenen Musikdateien regelrecht explodierte, habe ich also hautnah miterlebt. Ich erlebte viele rauschende Grammy-Partys – und dann wenig später die ratlosen Manager und verzweifelten Juristen der Plattenlabels.

Ihre Bemühungen, diese neuen Formen des Konsums durch Verbote zu stoppen, scheiterten auf der ganzen Linie. Zwar überzog die Musikbranche Napster mit Klagen, erreichte auch die vorübergehende Schließung der Plattform, aber der Geist, den die Plattenbosse mit aller Macht in die Flasche zurückstopfen wollten, wurde jetzt erst richtig mächtig. Napster markierte den Anfang des Musiktauschens zwischen Privatpersonen als Massenphänomen.

Viele der Argumente gegen Napster wiederholen sich

Es entstanden weitere ähnliche Netzwerke wie Gnutella, dezentrale Plattformen, die sich wegen ihrer undurchschaubaren Strukturen nur schwer verklagen ließen.

Heute wird über andere dezentral organisierte Netzwerke und Plattformen wie BitTorrent nicht nur weiterhin unkontrolliert und größtenteils illegal Musik getauscht, sondern auch E-Books, Spiele, Software und Filme.

Und trotz des Verklagens von Minderjährigen und vielen neuen, schärferen Gesetzen tauschen die Kids heute mehr MP3s denn je. Die Zahl der illegalen Downloads mag gesunken sein. Dafür werden Dateien zu Tausenden auf ganzen Computerfestplatten getauscht.

Egal, ob es der Entertainment-Branche gefällt oder nicht: MP3 und Napster haben Geschichte geschrieben und neu definiert, wie

Musik und andere Inhalte heute konsumiert werden. Und das große Geschäft in diesem Bereich machen inzwischen nicht die klassischen Anbieter, sondern neue Wettbewerber wie Apple, die klug die Erfolgsmechanismen von Napster und Co für legale Musikeinkaufsdienste wie iTunes adaptiert haben.

Viele der Argumente, die damals gegen MP3 und Napster vorgebracht wurden, höre ich heute wieder an anderen Stellen. In der Softwarebranche, für die ich nach meinem Job in der Musikindustrie arbeitete, erlebte ich zu Beginn der Nullerjahre mein erstes Déjà-vu. Software wurde von etwas Exklusivem, Wertvollem zum Massenprodukt mit unzähligen Anbietern, dessen Preis fiel wie ein abgeschossener Vogel. Hauptgrund war das Aufkommen von sogenannter quelloffener Software, also Programmen mit öffentlichem und umsonst zugänglichem Erbgut. Microsoft-Chef Steve Ballmer hatte das Phänomen 2002 als „Krebsgeschwür" bezeichnet.

Das Internet verändert unzählige Geschäftsmodelle

Geholfen hat das Verteufeln auch dieser Branche nicht. Für Anbieter von Internetsoftware wirkte sich das Phänomen ebenso verheerend aus wie für andere. Auch das Unternehmen, für das ich damals arbeitete, musste sich diesem Umbruch stellen. Privatnutzer dagegen profitierten von den gesunkenen Preisen: Videoschnitt-Programme zum Beispiel waren in den 1990er-Jahren für den Hausgebrauch nahezu unerschwinglich. Heute kann sich jedes Kind eine Videosoftware leisten, die sogar professionellen Ansprüchen genügt.

Oder E-Books: Platzhirsch ist heute das Internet-Handelsunternehmen Amazon. Es setzte früh auf Literatur aus der Leitung, begann bereits in den 90er-Jahren damit, Bücher über seinen Online-Shop zu verkaufen und attackiert seit 2009 mit einem breiten Angebot und eigenem Lesegerät (auch) den deutschen Buchhandel. Der organisierte zunächst den Widerstand, beschäftigte sich intensiv mit Rechtefragen und betrieb eine vielschichtige Verhinderungsstrategie, die Amazons Marktanteil aber kontinuierlich wachsen ließ. Im Frühjahr 2013 endlich schafften es die Buchhandelsketten Weltbild, Thalia, Hugendubel und Club Bertelsmann, sich dem US-Angreifer mithilfe einer breiten Kooperation entgegenzustellen, unter anderem, indem sie nun auch ein eigenes elektronisches Lesegerät für E-Books verkauften. Möglicherweise kommt dieses Manöver allerdings zu spät, weil Amazon mit seiner Strategie, die verkauften Digitalbücher fest ans Amazon-Lesegerät Kindle zu koppeln und damit zu verhindern, dass man sie mit anderen Geräten lesen kann, bereits viele Kunden eng an die eigene Produktwelt gebunden hat. So eng, dass sie als Folge dieses sogenannten Lock-in-Effekts kaum mehr bereit sein werden, den Anbieter zu wechseln.

Es gibt unzählige weitere Beispiele dafür, wie das Internet Branchen und Geschäftsmodelle gegen den Widerstand der Etablierten verändert. Auf einige werde ich noch zu sprechen kommen, unter anderem auf den Abwehrreflex der Banken gegen digitale Währungen.

All dies, also die Folgen des digitalen Zeitalters für etablierte Branchen und ihre Geschäftsmodelle, ja für unser Wirtschaftsleben insgesamt, das ist das eine Thema dieses Buches.

Die Herausforderung ist mit Technik allein nicht lösbar

Das andere dreht sich um die Wirkung des Internets und seiner Möglichkeiten auf unsere Gesellschaft, auf unser Zusammenleben und auf Unternehmen. Und darum, wie Manager darauf reagieren sollten, ja müssen, um nicht den Anschluss zu verlieren.

Wenn Führungskräfte die Aufgabe nicht anpacken, ihre Unternehmen auf die extremen Markt- und Wettbewerbsbedingungen im digitalen Zeitalter vorzubereiten, wer soll es dann tun? Die Herausforderung, vor der sie alle stehen, ist groß. Und sie ist mit Technik allein nicht lösbar.

Es ist aufschlussreich, zu analysieren, warum das Internet so sehr boomt, warum die Kommunikation über soziale Netzwerke so gut funktioniert und warum viele Unternehmen, deren Aufstieg eng mit dem Internet und der Kommunikation über soziale Netzwerke verbunden ist, so erfolgreich sind.

Ein Grund liegt darin, dass Internet und soziale Netzwerke von einigen wenigen zentralen Erfolgsmustern geprägt sind. Wer diese Muster erkennt und für sich nutzbar macht, hat in einer vernetzten Welt mehr Erfolg als andere.

Vernetzung ist so ein Erfolgsmuster. Mit anderen im Dialog zu stehen, Kontakte bewusst auszubauen, auch ohne dass man immer weiß, welchen konkreten Nutzen sie bringen, schafft die Grundlage für Schneeballeffekte.

Oder Offenheit, ein Wert, der fast alle Netzdienste prägt: Information kann schnell und einfach geteilt werden. Etwas geheim zu halten ist dagegen schwierig. Das erleben wir alle gerade schmerzhaft bei den Diskussionen um die NSA-Affäre.

Partizipation ist das dritte Erfolgsmuster, das mir in diesem Zusammenhang wichtig ist. Das Netz ermöglicht sie in optimaler Weise, und es gibt viele Beispiele dafür, wie Menschen gemeinsam mithilfe des Internets ihr Wissen teilen und mehren können. Brillantes Beispiel dafür ist die von ihren Lesern geschriebene Online-Enzyklopädie Wikipedia.

Nummer vier: Agilität. Angesichts der globalisierten und vernetzten Welt ist Komplexität allgegenwärtig, und niemand kann zuverlässig voraussagen, welche Entwicklung sich wie auswirkt. Wer schnell auf Unvorhergesehenes reagieren kann, überlebt in diesem komplexen Umfeld nicht nur, sondern er ist auch erfolgreicher als andere.

Das Internet ist ein unhierarchisches Medium

Mithilfe dieser vier Erfolgsmuster – Vernetzung, Offenheit, Partizipation und Agilität – lassen sich angesichts einer immer komplexeren und sich rasant verändernden Welt Unternehmen führen und Geschäftsmodelle entwickeln.

Die Kompetenz, mit diesen Mustern effizient umzugehen, bezeichne ich als Management by Internet. Es beinhaltet zwar auch die Fähigkeit, neue technische Möglichkeiten zu nutzen, aber die Technik ist nicht das Wichtigste daran. Viel wichtiger sind Änderungen jener Mentalitäten und Organisationsformen, die den Arbeitsalltag der meisten Menschen in Deutschland prägen.

Zentral gelenkte, hierarchische Organisationen sind in ihrer starren Verfasstheit kaum in der Lage, angemessen auf Veränderungen zu reagieren. Es geht darum, solche Unternehmen im Sinne von mehr Selbstorganisation agiler zu machen oder in ihnen wenigstens einen gewissen Freiraum für selbstorganisiertes Arbeiten zu schaffen. Wollen sie dieses Ziel erreichen, dann müssen Führungskräfte die Instrumente Vernetzung, Offenheit, Partizipation und Agilität ebenso gut beherrschen wie ihr klassisches Managementwerkzeug aus dem Industriezeitalter.

Ich wiederhole: Es braucht in jedem Unternehmen beide Seiten für den Erfolg. Es gilt für Unternehmen und ihre Führungskräfte, Brücken zu bauen zwischen der klassischen Führungsdenke und den Organisationsmechanismen des Internets. Keine der beiden Seiten kommt in Zeiten der Netzgesellschaft ohne die andere aus.

Das Ziel lautet immer: durch Brückenbauen mehr Erfolg haben

Das Internet ist ein Medium ohne klare Hierarchien. Und junge Menschen, die vom Internet geprägt sind, denken weniger hierarchisch als die Generationen vor ihnen. Auch deshalb glaube ich an das Management by Internet. Ich glaube an Führung, die das klassische Management-Einmaleins beherrscht und außerdem in der Lage ist, diese klassischen Führungskonzepte durch Muster des Internets zu ergänzen. So wird aus beiden eine zeitgemäße, Erfolg versprechende

Synthese. Diese Synthese bezeichne ich als Digital Leadership. Worauf es dabei im Detail ankommt, finden Sie in Kapitel 4.

Management by Internet und Digital Leadership sind aber keineswegs Selbstzweck: Mitarbeiter zu motivieren, Strukturen und Mentalitäten zu verändern dient dazu, gemeinsam mehr Erfolg zu haben, damit Unternehmen ihren eigenen Weg in die digitale Zukunft aktiv gestalten können.

Welche Konflikte dabei auftreten und warum die Angst davor unbegründet ist, welche Unternehmen mit Management-by-Internet-Methoden Erfolg haben und warum, welche Werkzeuge es gibt und wie sie funktionieren: All das steht in diesem praxisnahen Buch. Lassen Sie sich von den Beispielen inspirieren und überlegen Sie, was Ihr nächster Schritt sein kann.

KAPITEL 1

Konflikte in der
Internetgesellschaft:
Wer vor den Veränderungen
zittert, zittert zu Recht

E s sind immer wieder kleine, aber bemerkenswerte Erlebnisse, die mir vor Augen führen, wie stark das Internet unser Leben und unser Verhalten verändert hat.

Eines davon erlebte ich im Jahr 2010 ausgerechnet in einer Runde, von der man nicht erwartet hätte, dass der digitale Lifestyle hier schon so weit um sich gegriffen hat: Es war die Jurysitzung des LIDA Awards. Der Leader in the Digital Age Award (LIDA) ist ein Preis, den ich federführend initiiert und konzipiert habe und den meine Managementberatung doubleYUU gemeinsam mit dem niedersächsischen Wirtschaftsminister, Sponsoren und namhaften Partnern wie der Deutschen Messe, IBM und der Deutschen Telekom alljährlich auf der Computermesse CeBIT in Hannover vergibt. Mit ihm ehren wir Führungspersönlichkeiten, die die Möglichkeiten des digitalen Zeitalters nutzen, die Vernetzung, Offenheit, Partizipation und Agilität fördern und ihr Unternehmen entsprechend führen.

Die Jury des LIDA Awards selbst besteht in erster Linie aus klassisch geprägten Entscheidern. Es sind Menschen, die damit groß geworden sind, Papierausdrucke zu analysieren, Wirtschaftswissen in Form von dicken Büchern zu konsumieren, und von denen viele das Internet zunächst mit Skepsis betrachtet haben.

Und trotzdem beugte sich bei der LIDA-Jury-Sitzung 2011 jeder – inklusive des Wirtschaftsministers – über sein iPad, um blitzschnell Informationen zu den Kandidaten zu ergoogeln oder das Video eines Vortrags anzusehen. Es war für die Herren also selbstverständlich, sich mit einem dieser modernen Endgeräte ohne fremde Hilfe genau die Informationen aus dem Netz zu ziehen, die in diesem Moment benötigt wurden. Auch deshalb waren die Diskussionen über die Kandidaten sehr fundiert und spannend, Argumente wurden blitzschnell untermauert oder widerlegt. Und die Entscheidungen, die dieser Kreis innerhalb kürzester Zeit traf, waren aus meiner Sicht absolut nachvollziehbar und richtig.

Unter anderem sollte Vineet Nayar, der CEO eines indischen IT-Dienstleisters, einen Preis bekommen. Von ihm wird in diesem Buch noch die Rede sein. Die Juroren konnten sich mit ihren iPads blitzschnell ein Bild von ihm machen, es fanden sich fundierte Zahlen über sein Unternehmen im Netz. Auch deshalb setzte er sich bei der Preisverleihung gegen andere durch.

Es braucht also keinen Besuch in einem modernen Softwareunternehmen, wenn man eine vernetzte Denkweise bei der Arbeit sehen will. Oft spiegelt sie sich in kleinen Alltagsszenen wie der bei der Verleihung des LIDA Awards wider.

Die Regierungsform des Internets heißt Meritokratie

Technische Innovationen haben die Kraft, Kultur und Mentalitäten radikal zu verändern, und sie hatten diese Kraft schon immer. Johannes Gutenbergs Erfindung des Buchdrucks im 15. Jahrhundert löste eine Medienrevolution aus, war Motor der Renaissance, schuf ungeahnte Bildungschancen und ließ neue Wirtschaftszweige entstehen.

Die Wirkungen und die Veränderungskraft des Internets sind meiner Ansicht nach nur mit Gutenbergs Jahrtausenderfindung vergleichbar. Radio und Fernsehen, so viel sie bewirkt haben, können da nicht mithalten. Und die Wirkung wird nicht nachlassen, im Gegenteil. Das Internet durchzieht immer mehr Bereiche unseres Lebens, weil es extrem leistungsfähig ist und Chancen eröffnet, von denen noch vor wenigen Jahren niemand etwas ahnte. Regierungen ablösen, Musik weltweit verbreiten, Taxis mittels einer Smartphone-App finden, Geld besorgen für eine innovative Idee, mal eben einen Kalender aufsetzen, mit dem drei Familien online den gemeinsamen Urlaub im schwedischen Ferienhaus planen, oder eine Party organisieren via Twitter: Solche schlichten, preiswerten Tools bringen mithilfe der weltweiten Datennetze Menschen zusammen.

Wenn das Internet ein Staat wäre, dann wäre seine Regierungs-
form die Meritokratie, die Herrschaft derjenigen, die sich Verdienste
erwerben. Nur durch Verdienste entstehen im Internet Autorität,
Anerkennung und Prominenz, (fast) jeder und jede hat hier die
Chance, ein Star zu werden. Ob das gelingt, hängt nicht von PR-
Kampagnen und Marketingbudgets ab. Wie heißt es doch im MIX
Manifesto, einem Thesenpapier der wichtigsten US-Management-
Vordenker über Führung im 21. Jahrhundert: „Wenn jemand auf You-
Tube ein Video veröffentlicht, fragt niemand danach, ob er zur Film-
hochschule ging. Keine der traditionellen Statusdefinitionen wie
Titel, Position oder akademischer Grad bedeutet im Web etwas."[4]

Anerkennung bekommt stattdessen, wer in der Lage ist, sich diese
Anerkennung durch Leistung zu verdienen. Wer ein interessantes Video macht, hat Zuschauer. So einfach ist das. Und diese Anerkennung
muss immer wieder neu verdient werden – man kann sich nicht auf
seinen Lorbeeren ausruhen. Sonst verliert man seine Gefolgschaft.

Die Lawine aus Spaß und Musik reißt alle mit

Im Internet verbreiten sich Ideen viral, Initiativen fangen ganz klein
an, oft passiert erst mal eine ganze Weile nichts. Dann gibt es einige
Zuschauer, Zuhörer oder Mitleser mehr – in sozialen Netzwerken
werden diese Menschen Follower genannt, Leute, die verfolgen, was
jemand tut. Und plötzlich nimmt die Verbreitung rasant Fahrt auf,
weil auch die Follower bestimmte Inhalte weiterverbreiten, sodass
diejenigen, die ihnen folgen, ebenfalls die ursprüngliche Message
erfahren. Aus Konsumenten werden Beteiligte: Dieser Schritt ist
wichtig für eine schnellere Verbreitung.

Wie ein solcher Prozess abläuft, zeigt eindrucksvoll ein kleiner
Film auf YouTube, der zu meinen absoluten Lieblingsclips gehört,

---

4. Management Innovation eXchange – The MIX Manifesto: http://www.managementexchange.
com/about-the-mix/manifesto

auch wenn er vordergründig mit dem Internet nichts zu tun hat. Aufgenommen wurde er 2009 auf dem Sasquatch Music Festival im US-Bundesstaat Washington. Er zeigt eine Gruppe junger Menschen, die oberhalb eines Sees auf einer Wiese in der Sonne sitzen. Laute Musik. Zu Beginn tanzt ein junger Mann allein in der Mitte. Keiner beachtet ihn. Ein zweiter kommt hinzu, tanzt auch, weiter passiert eine Weile nichts. Dann ein dritter Tänzer. Erst als der vierte und der fünfte hinzukommen, kommt die Lawine aus Spaß und Musik ins Rollen, gewinnt innerhalb von Sekunden eine solche Kraft, dass sie alle mitreißt. Unzählige stehen auf, tanzen mit, von hinter der Kamera kommen weitere angerannt, johlen, wollen dabei sein. Am Ende ist die zu Beginn ziemlich leere Wiese voller Menschen, die lautstark feiern und tanzen, klatschen, als die Musik unterbricht.

Dieses Video zeigt auf sehr einfache Weise, wie Massenphänomene entstehen, der Ablauf lässt sich fast eins zu eins auf das Internet übertragen. Das gilt auch für das Entstehen von Vorbildern, von Leadern. Der erste Tänzer ist noch kein Leader, als er allein vor sich hin tanzt. Entscheidend sind die, die als Zweites, Drittes, Viertes und Fünftes hinzukommen. Sie wollen mittanzen und zeigen damit allen anderen, die noch herumsitzen: „Dieser Tänzer ist jemand, dem man folgen sollte." Erst dass sie seinem Beispiel folgen, sorgt dafür, dass er eine Vorbildfunktion und damit eine gewisse Autorität erhält. Exakt so werden auch Akteure im Internet zu Leadern.

25-Jährige bewundern den, dem andere folgen

Ganz anders funktionieren die Dinge dagegen im normalen Büroalltag. Hier entstehen Hierarchien nicht von unten nach oben, nicht durch Gefolgschaft. Stattdessen erkennt man Leader hier an ihren Insignien, großsprecherischen Jobbezeichnungen zum Beispiel, Maßanzügen oder wuchtigen Dienstwagen auf ausgewiesenen Parkplätzen. Dumm nur, dass solche Ehrenzeichen im Umgang mit der Internetgeneration, also mit denjenigen, die mit dem Internet groß geworden sind und seine Logik mit der Muttermilch aufgesogen haben, rapide an Bedeutung verlieren.

25-Jährige bewundern tendenziell den, dem andere folgen, entscheidend ist die Reputation. Und die ist messbar, sichtbar. Diese Sichtbarkeit wiederum hat ganz neue Geschäftsmodelle hervorgebracht.

Ein Beispiel ist die Autovermietung von Privat an Privat, wie sie das US-Unternehmen Getaround betreibt. Mieter können sich vorab über den Zustand des Autos informieren, indem sie die Bewertungen anderer Nutzer lesen. Wohl dem Verleiher, dessen Auto positiv beurteilt wird. Und das bedeutet, dass eine große Autovermietung mit millionenschwerem Werbeetat aus Kundensicht kaum Vorteile gegenüber dem unbekannten Privatmann hat, der gerne sein Fahrzeug verleiht, damit ein wenig Geld verdient und seinen Spaß hat, weil er Kontakt zu Gleichgesinnten bekommt. Dasselbe Prinzip wirkt bei Airbnb, einem Service, bei dem Privatleute ein Zimmer oder ihre ganze Wohnung für ein paar Tage an andere vermieten. Die meisten Gäste hat, wer nett zu ihnen ist, denn das wird via Internet weitererzählt.

Diese Beispiele demonstrieren nicht nur, wie Ansehen heute entsteht, sie belegen auch, wie das Internet Werte und Einstellungen verändert: Teilen ist zu einem der wichtigsten Trends in Gesellschaft und Wirtschaft geworden. Und Teilen meint in diesem Kontext auch Tauschen und Leihen. Auto fahren wollen die meisten Menschen, aber deshalb muss man nicht gleich eins besitzen. Die Autohersteller bekommen diesen Trend auf dem deutschen Markt gerade schmerzhaft zu spüren und in den Vereinigten Staaten machen Marktforscher ähnliche Beobachtungen. Die Daimler AG hat daraus die Konsequenz gezogen, zusammen mit Europcar in über 20 deutschen und ausländischen Städten unter dem Namen Car2go eine riesige Flotte von Smarts zur spontanen Bedarfsausleihe bereitzustellen. Gesucht und gefunden werden die Flitzer – natürlich – via

Smartphone-App übers Internet. Wie sagte doch Muppets-Erfinder Jim Henson: „If you can't beat them, join them." Übertragen auf Car2go heißt das für einen klassischen Automobilbauer wie Daimler, der eigentlich am liebsten weiterhin teure Limousinen verkaufen würde: „Wenn du eine Entwicklung nicht aufhalten kannst, mach sie dir zunutze, werde ein Teil von ihr."

Unternehmern, die nicht an den Rand gedrängt werden wollen, wird in Zukunft gar nichts anderes übrig bleiben, als dazuzulernen – auch wenn es ihnen schwerfällt und alte Gewohnheiten infrage stellt. Denn das Internet erzeugt einen enormen Druck. Märkte und Erwartungen von Konsumenten verändern sich in rasantem Tempo und Firmen, die dieses Tempo mitgehen, hängen andere ab. Die Google-Macher haben die Funktionsweise des neuen Mediums Internet Jahre vor allen anderen begriffen, zum Beispiel auch die Bedeutung der Empfehlung anderer für die Reputation der eigenen Webseite, jenes Prinzip, nach dem vereinfacht gesprochen die Suchlogik von Google funktioniert. So ist Google, das gefürchtete Wesen, eine Schöpfung des Netzes sozusagen, mittlerweile in der Lage, die Bewegungen der Surfer im Web zu steuern.

Kunden haben enorme Macht. Und sie nutzen sie

Im „Neuland" Internet mit seiner Größe und Unübersichtlichkeit verdienen eben nicht unbedingt diejenigen Geld, die Straßen und Autos bauen, sondern diejenigen, die leicht verständliche Wegweiser aufstellen. Mit dieser Erkenntnis konnte Google Zeitungs- und Zeitschriftenverlage im Kampf um Werbeeinnahmen massiv unter Druck setzen – und tut es bis heute.

Amazon, zu Recht kritisiert wegen schlechter Behandlung seiner Logistikmitarbeiter, sorgt im Handel für ähnliche Umwälzungen. Das Unternehmen ist so erfolgreich, weil mit großem technologischen Know-how sämtliche Prozesse für den Kauf via Internet optimiert sind. Einen Stecker oder einen Adapter, den ich zu Hause verlegt

habe, wiederzufinden, dauert länger, als ihn bei Amazon nachzu-
bestellen. Aussuchen, dazu Bewertungen lesen, in den Warenkorb
schieben, mit einem Klick bezahlen, liefern lassen. Fast alle Produkte
finden sich auf einer einzigen Webseite, unter einem einzigen Mar-
kennamen. Druck im Markt übt Amazon damit nicht nur auf die
Geschäfte in der Innenstadt aus, sondern zum Beispiel auch auf
Traditionsversender wie Quelle und Neckermann.

Außerdem kommt auch Druck vonseiten der Kunden. Diese
können im Internet mit wenig Aufwand viel Wind machen, wenn sie
sich über ein Unternehmen oder seine Produkte ärgern. Dieser Wind
braucht oft nur Tage, um zu einem Orkan anzuschwellen, der in
Pressestellen und Vorstandsetagen Angst und Schrecken verbreitet.

Der einzige Ausweg ist dann oft, dem Protest nachzugeben, und
genau das geschieht: Henkel nahm den Toilettenreiniger Bref in
Osteuropa vom Markt, nachdem die Duftsteine in den Farben der
ukrainischen Nationalflagge in der ehemaligen Sowjetrepublik einen
kollektiven Wutanfall hervorgerufen hatten. Nur drei Tage nach dem
Beginn der Entrüstungswelle im Internet – einem sogenannten Shitstorm – war Bref in Blau-Gelb Geschichte …

Und nur eine Woche nachdem die Deutsche Telekom angekündigt
hatte, künftig solle für Neukunden das Tempo der Festnetz-Internet-
anschlüsse gedrosselt werden, hatte ein Düsseldorfer Schüler per
Online-Petition mehr als 130.000 Unterschriften gegen die Pläne
gesammelt. Auch die Telekom ruderte einige Wochen später teilweise
zurück und änderte ihre Pläne.

Sogar ein globaler Gigant wie Microsoft muss sich mitunter dieser
Dynamik beugen. Als der Plan bekannt wurde, die Spielkonsole Xbox
solle nur noch mit aktivierter Internetverbindung funktionieren –
unter anderem um den Kopierschutz zu verbessern –, hagelte es
wütende Proteste in Online-Spielerforen und auf dem Kurznachrichtendienst Twitter. Die Neuerung wurde wieder gestrichen. Micro-
softs Xbox-Verantwortlicher Don Mattrick bedankte sich bei der

Online-Community artig für die „offenherzige Rückmeldung". Diese Äußerung war durchaus ernst gemeint, denn wenn die Stimme des Kunden deutlich vernehmbar ist, dann erfahren Unternehmen auf diese Weise, was ihre Kunden von ihnen erwarten und wie weit sie mit ihren Plänen gerade noch gehen können, ohne ihre Käufer zu verprellen.

Auch die Definition von Respekt verändert sich

Das Internet hat eben auch die Menschen verändert, die mit ihm aufgewachsen sind. Die Internetgeneration[5] ist es gewohnt, kritisch zu sein, spontan ihre Meinung zu sagen. Und sie bringt Einstellungen und Lebensstile unter eine Kapuzenjacke, die ältere Generationen für unvereinbare Gegensätze halten.

Ein Beispiel: Apple-Produkte sind bei vielen in dieser Generation extrem beliebt, genießen Kultstatus. Aber es sind auch Menschen der Internetgeneration, die die Fairphone-Idee erdacht und umgesetzt haben: ein Smartphone, das Ausbeutung von Mensch und Umwelt bei seiner Herstellung weitgehend vermeidet. Das Projekt ist Hardware gewordener Vorwurf an den Konkurrenten Apple, dem moralische Maßstäbe weniger wichtig zu sein scheinen.

Außerdem färbt der Lebensstil der Internetgeneration ab, prägt nach und nach auch die Vorlieben und Gewohnheiten von anderen, die nicht zu dieser Generation gehören. Zum Beispiel von Managern, die genau wie die Jüngeren Tablet-Computer lieben und sie – wie beschrieben – zur spontanen Internetrecherche nutzen, sich mit ihrer Hilfe vernetzen und kommunizieren. So beeinflusst die Internetgeneration die Art, wie in unserer Gesellschaft gearbeitet, gedacht

---

5. Als Internetgeneration oder Generation Y werden jene Menschen bezeichnet, die (sehr) ungefähr um das Jahr 1985 geboren wurden. In Deutschland zählen dazu etwa 9,7 Millionen, weltweit sind es etwa 1,7 Milliarden Menschen. Nicht jeder dieser Menschen ist dabei ein Internetfreak, einige lieben, andere meiden das Netz. In der Summe aber unterscheiden sich die Vorlieben der Vertreter dieser Generation sichtbar von denen jener Generationen, die nicht mit dem Netz aufgewachsen sind.

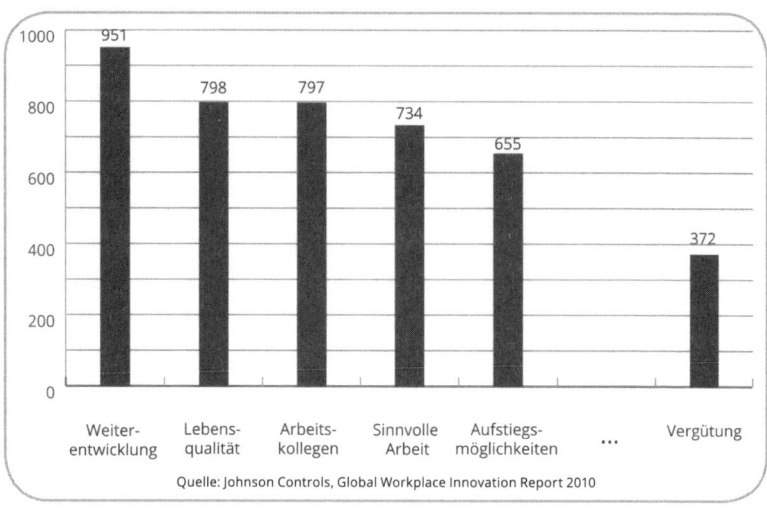

und gelebt wird. Sie wird zum Vorbild und bestimmt den Alltag vieler, ohne dass dies ein Politiker oder ein Manager beschließen musste.

Einen Unterschied zwischen „Privatmeinung" und „Büromeinung" als Ausdruck einer allgemein anerkannten Form von Schizophrenie gibt es beispielsweise für die Internetgeneration nicht mehr. Und auch sonst ist die gewerkschaftliche Vorstellung von getrennten Welten – hier die Arbeit mit Mühen und Entbehrungen, dort die Freizeit mit Erholung und Glück – vielen jungen Menschen eher fremd.

Das bedeutet keineswegs, dass sie 60 Stunden pro Woche arbeiten wollen, im Gegenteil. Es bedeutet, dass viele Jüngere eine eher ganzheitliche Vorstellung von ihrem Leben haben: Sie sind bereit, mal abends zu arbeiten, organisieren dafür aber auch im Büro ihre Freizeit.

Und dieser Paradigmenwechsel ist in den Unternehmen zu spüren. Dass sich daraus auch Konflikte ergeben können, hat mir einmal

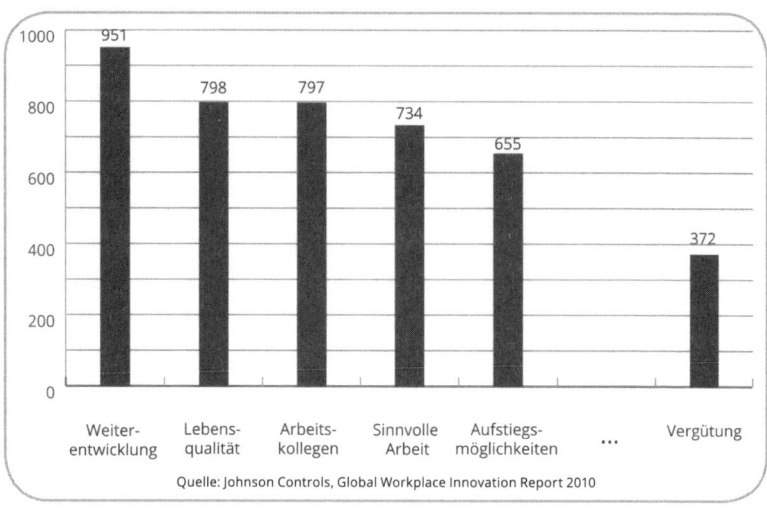

Quelle: Johnson Controls, Global Workplace Innovation Report 2010

Abbildung 2: Um Geld geht es meist nicht: Erwartungen der Generation Y an das Arbeitsleben.

ein hochrangiger Manager der BSH Bosch und Siemens Hausgeräte GmbH erzählt. Während eines Meetings hatte ein Kollege aus der Internetgeneration seinen Projektbericht vorgestellt, anschließend waren andere Teilnehmer mit ihren Berichten an der Reihe. Als besagter Manager, der neben dem jungen Kollegen saß, dann zufällig einen Blick auf dessen Laptop warf, sah er, dass dieser auf Facebook gerade eine Grillparty für seine Freunde organisierte. Der Manager war total wütend, regte sich auf und pfiff den jungen Kollegen an, nach dem Motto: Das ist ja wohl eine Unverschämtheit, wir arbeiten hier, haben eine wichtige Besprechung und Sie organisieren eine Party ... Der junge Kollege war wie vom Blitz getroffen, weil für ihn sein Verhalten das Natürlichste auf der Welt war. Er hatte abends, also quasi in seiner Freizeit, den eigenen Bericht für das Meeting vorbereitet und sich dann, nachdem er ihn vorgetragen hatte, gesagt: Okay, jetzt bin ich gerade nicht gefordert, weil es nicht um mein Projekt geht, meinen Teil habe ich getan, also hole ich jetzt sozusagen das nach, was ich gestern Abend nicht machen konnte ...

Das ist ein sehr typischer Wertekonflikt: Der Manager hat ein Gefühl von Machtverlust, sein Eindruck ist, dass der junge Kollege die Hierarchien nicht akzeptiert. Er erwartet von Untergebenen, die mit ihm im Meeting sitzen, volle Aufmerksamkeit. Aus der Denke des Managers heraus, aus dem, was er gelernt hat, ist diese Haltung völlig nachvollziehbar. Der Kollege hat aber anderes gelernt und auch völlig andere Wertemuster im Kopf. Sein Verhalten bedeutet ja nicht, dass er respektlos sein will. Im Gegenteil, er versucht, mithilfe von Informationen und dem permanenten Austausch mit anderen seine Zeit optimal zu nutzen. Aus seiner Sicht verhält er sich fair, denn auch sein Arbeitgeber profitiert davon. Ein klassisch geprägter Arbeitnehmer hätte vielleicht keine Überstunden geleistet, weil er den Feierabend gebraucht hätte, um das Grillfest zu organisieren.

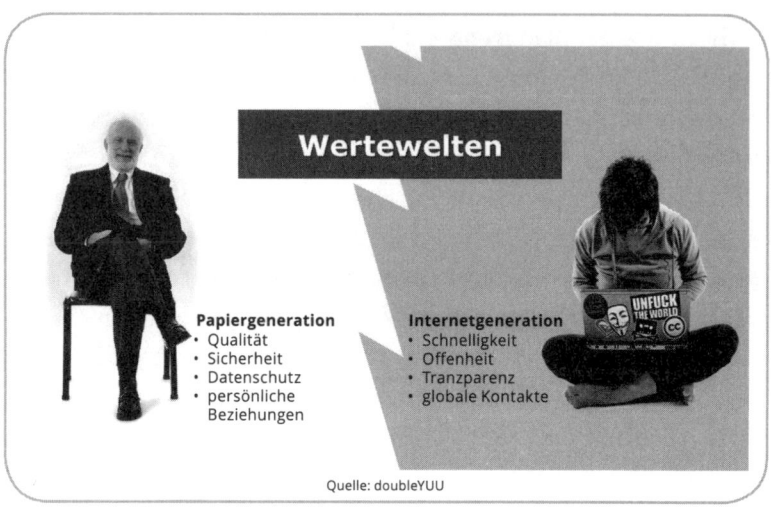

Abbildung 3: Es geht nicht um „richtig" oder „falsch": Konflikte zwischen den Nutzer-Generationen entstehen aufgrund unterschiedlicher Wertvorstellungen.

Die falsche Schlussfolgerung aus dieser Geschichte wäre, von Menschen der Internetgeneration zu fordern, sie mögen sich an die althergebrachten Machtmuster der Hierarchien anpassen. Das werden sie nicht tun, viele suchen sich stattdessen eher einen Arbeitgeber, der ihre Art zu arbeiten, zu denken und zu kommunizieren teilt oder zumindest akzeptiert. Dass sie anderenfalls auch gehen können, ist dabei keine leere Drohung, gerade die Besten in ihren jeweiligen Bereichen werden woanders mit Kusshand genommen. Unternehmen, die diesen Zusammenhang nicht verstehen, werden es zukünftig schwer haben, talentierten, kreativen Nachwuchs zu finden.

Natürlich stellt sich die Frage, wie man solche Konflikte lösen kann, die fast überall vorkommen, wo Papiergeneration und Internetbegeisterte aufeinandertreffen. Unternehmen sollten Regeln aufstellen und diese so klar wie möglich kommunizieren. Beispielsweise hilft es allen, wenn Mitarbeiter wissen, ob sie während der Arbeitszeit auch private E-Mails beantworten dürfen, ebenso wie inzwischen oft hinterfragt wird, ob in der Freizeit auch berufliche E-Mails beantwortet werden sollten. Während Volkswagen, Daimler und andere versuchen, dies technisch zu unterbinden, setzen andere Unternehmen wie die Deutsche Telekom auf Selbstverantwortung bei Führungskräften und Mitarbeitern.

Nur 16 Prozent sind wirklich motiviert

Hierarchiestrukturen zu ändern, offen zu kommunizieren und kooperativ zu handeln ist für Firmen aber auch deshalb wichtiger denn je, weil es nur so gelingt, Mitarbeiter zu motivieren und gemeinsam Erfolg zu haben. Wie dringend notwendig das ist, belegt eine brisante Gallup-Studie. Jedes Jahr befragt das Beratungsunternehmen weltweit mehrere Tausend Firmenmitarbeiter, in Deutschland wurden 2013 mehr als 1.000 Arbeitnehmer befragt. Das gruselige Ergebnis: Lediglich 16 Prozent spüren eine Bindung an ihren Arbeitgeber und sind freiwillig bereit, sich für dessen Ziele einzusetzen.

84 Prozent aller Arbeitnehmer engagieren sich im Büro also nur, weil sie müssen, weil sie das Geld brauchen, das am 20. jedes Monats auf ihrem Konto landet, um die Miete zu bezahlen und den Kühlschrank zu füllen. Intrinsische Motivation? Arbeiten, weil es Spaß macht oder weil man gemeinsam Ziele erreichen will? Ach was!

Dieses Problem wird von Unternehmen systematisch verdrängt, auch weil firmeninterne Umfragen zu Arbeitszufriedenheit und Qualität der Führungskräfte regelmäßig sektenhafte Zustimmungsraten von 80 bis 90 Prozent hervorbringen. Klar, kaum ein Mitarbeiter wagt es, in diesen hausinternen Umfragen seinen Chef anzuschwärzen – es könnte ja noch schlimmer kommen.

Schuld an der Frustration ist, man ahnt es fast, der direkte Vorgesetzte. Viele Arbeitnehmer fangen hoch motiviert irgendwo an,

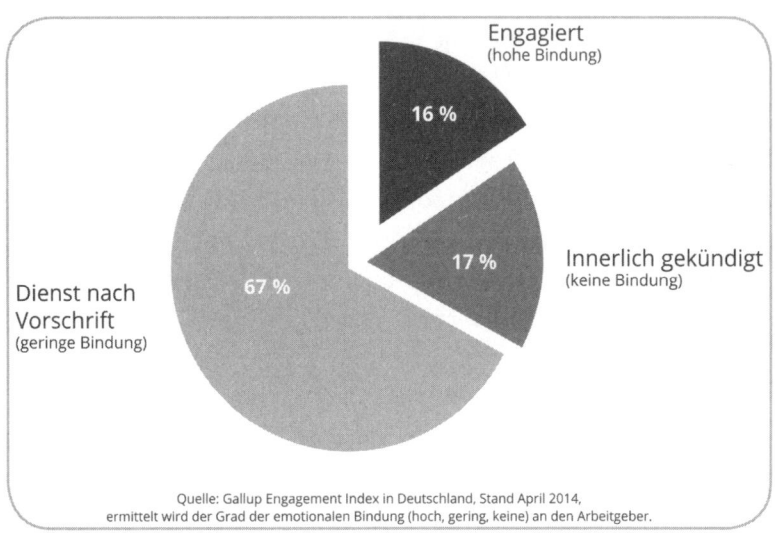

Engagiert
(hohe Bindung)

16 %

Dienst nach
Vorschrift
(geringe Bindung)

67 %

17 %

Innerlich gekündigt
(keine Bindung)

Quelle: Gallup Engagement Index in Deutschland, Stand April 2014,
ermittelt wird der Grad der emotionalen Bindung (hoch, gering, keine) an den Arbeitgeber.

Abbildung 4: Dienst nach Vorschrift: 84 Prozent der Mitarbeiter bringen nicht ihr volles Potenzial ein.

werden dann immer desillusionierter und kündigen schließlich innerlich – wenn sie sich nicht gleich einen anderen Job suchen. Der Managementvordenker Reinhard K. Sprenger sagte einmal: „Menschen kommen zu Unternehmen, aber sie verlassen Vorgesetzte."[6] Ich würde formulieren: Menschen bleiben bei Kollegen, aber sie verlassen Vorgesetzte.

Viele Führungskräfte, und das ist definitiv auch meine Erfahrung, bemerken das Drama entweder nicht oder es ist ihnen egal geworden. Sie fragen die Mitarbeiter nicht nach ihrer Meinung, loben sie nicht, geben ihnen kein Feedback, ignorieren sie als Menschen. So werden aus Motivierten Verweigerer, die bestenfalls Dienst nach Vorschrift machen und möglichst wenig auffallen wollen oder kündigen.

6. Sprenger, Reinhard K.: *Radikal führen.* Campus Verlag, Frankfurt 2012.

Kleinigkeiten machen oft den Unterschied

Innovatives ist von so einer Mannschaft nicht zu erwarten. Und genau daran, an der Innovationskultur, zeigt sich der Einfluss guter und schlechter Führung am deutlichsten: Lediglich neun Prozent derjenigen Befragten, die sich innerlich schon verabschiedet haben, finden, dass ihr Chef offen ist für neue Ideen und Vorschläge. Eine Idee wird nicht verstanden, sie passt politisch nicht – es gibt Tausende Gründe, warum Engagement der Basis folgenlos in den Hierarchien versickern kann.

Vineet Nayar, der bereits erwähnte indische Manager, Buchautor und erster Gewinner des LIDA Awards, hat einmal gesagt, Manager sollten heute in erster Linie Dienstleister ihrer Mitarbeiter sein.[7] Das ist genau meine Auffassung. Allein schon wenn die Führungskraft erreichbar ist, sich Zeit nimmt und eine vertrauensvolle Umgebung schafft, werden deutlich häufiger aus Ideen Innovationen. Loyale Mitarbeiter machen im Schnitt 45 Prozent mehr Verbesserungsvorschläge als frustrierte.[8] Und mindestens ebenso wichtig: Sie werden zu Botschaftern der eigenen Firma, werben für deren Produkte und holen talentierte Freunde ins eigene Unternehmen. Eine solche Empfehlungskultur zu fördern, das ist in unserer vernetzten Welt von enormer Bedeutung.

Allzu oft herrschen in der Realität jedoch Frust und Gleichgültigkeit. Wenn man alle Folgen, die sich daraus ergeben, zusammenrechnet, dann kosten sie die deutsche Wirtschaft Jahr für Jahr 124 Milliarden Euro, so die Gallup-Forscher.[9]

Obwohl wir das Problem seit Langem beklagen, wird der Umgang in den meisten Unternehmen immer schlechter. Julian Birkinshaw, Autor von „Reinventing Management", schreibt: „Die harte Realität

---

7. Nayar, Vineet: *Employees first, Customers second.* Harvard Business Review Press, Boston 2010.
8. http://www.gallup.com/strategicconsulting/158162/gallup-engagement-index.aspx
9. Ibid.

ist, dass die heutigen Großunternehmen – mit bemerkenswerten Ausnahmen – viel zu traurige Orte sind, um dort sein Arbeitsleben zu verbringen. Angst und Misstrauen sind Normalität, aggressives und unfreundliches Benehmen wird toleriert, Kreativität und Leidenschaft unterdrückt."[10]

Das Veränderungstempo wird weiter zunehmen

Wenn ich in Seminaren und Beratungsprojekten über diesen Zusammenhang und über meine Erfahrungen damit spreche, ernte ich regelmäßig wissendes Nicken. Die Frage ist natürlich, warum sich trotzdem nichts ändert. Häufig liegt das nicht am bösen Willen aufseiten der Führungskräfte, sondern eher an robusten Sachzwängen und an seit Jahren antrainierten Verhaltensmustern. Viele Unternehmen setzen intern die falschen Anreize, indem sie Eigeninitiative von Mitarbeitern und einen offenen Führungsstil des Managements nicht honorieren. Und wo es sich für Führungskräfte lohnt, alles auf die immer gleiche Weise zu tun, haben es Veränderungen schwer. Die meisten Leser denken vermutlich an dieser Stelle: „Aha, und jetzt kommt der Buhse mit seinen schönen Management-by-Internet-Wunderrezepten und diese Bürohölle wird zum Paradies?"

So einfach ist es natürlich nicht. Wie schon die Autoren um Gary Hamel in ihrem MIX Manifesto[11] feststellten, braucht es viel mehr als eine dünne Schicht von Social-Media-Technologie oder irgendwelchen IT-Wundermitteln, die wir über traditionelle, verkrustete Managementstrukturen legen, um einen echten Wandel herbeizuführen. Der Wandel ist keine Frage von Softwarewerkzeugen, auch wenn viele Softwarehersteller ihre Marketingkampagnen genau um dieses Versprechen herum stricken. Es geht nicht darum, sich mithilfe von Plattform A zu vernetzen, weil das angeblich viel besser

---

10. Birkinshaw, Julian: *Reinventing Management*. Verlag Jossey-Bass, Hoboken 2010.
11. Management Innovation eXchange – The MIX Manifesto: http://www.managementexchange. com/about-the-mix/manifesto

geht als mit Plattform B. Notwendig ist stattdessen eine Art von neuem Denken im Management. Das Mindset, das heißt die Art und Weise, wie Führungskräfte gewöhnlich an Probleme und Führungsfragen herangehen, muss sich ändern. Es geht darum, die internettypischen Werte Vernetzung, Offenheit, Partizipation und Agilität in die Führungskultur zu integrieren. Allerdings gehören diese Werte nicht zum Erbgut eines typischen Großunternehmens, auch deshalb fällt der Wandel so schwer. Zudem sollte Führung als Aufgabe ernst und wahrgenommen werden. Oft ist es nur lästiges Beiwerk, zu führen – viele Führungskräfte wollen meiner Beobachtung nach eigentlich lieber inhaltlich arbeiten als führen und interessieren sich deshalb nicht allzu sehr für die Mitarbeiter.

In den Büros ist vom Mentalitätswandel wenig angekommen

Es sind also nicht in erster Linie webbasierte Werkzeuge, sondern es ist ein von der Logik des Internets geprägter Stil der Zusammenarbeit, der Unternehmen in die Lage versetzen könnte, die Abwärtsspirale aus Kommunikationsstau, Demotivierung und innerer Kündigung zu verlassen. Dass das so selten geschieht, liegt zum einen daran, dass die „Motoren" des Internets tendenziell Menschen unter 30 sind, in den Büros aber die Babyboomer, also die Generation 50+, dominieren. Hinzu kommt, dass Unternehmen strukturell merkwürdige Gebilde sind, deren Wunderlichkeit nur deshalb nicht auffällt, weil die Protagonisten nichts anderes kennen. Privatunternehmen sind die letzten Monarchien mit fest verteilten Rollen und bizarren Titeln wie bei Hofe. Monarchen, Fürsten und Diktatoren aber bekommen Loyalität nur durch Druck oder Gewalt. Die Untertanen tun gehorsam und sinnen zugleich darauf, ihren Herrn nach Kräften zu betrügen oder zu stürzen. Und sie ignorieren seine Anweisungen, so gut sie können. Kreativ sind sie höchstens, wenn es darum geht, irgendetwas nicht tun zu müssen.

Das ist an vielen Stellen in deutschen Großunternehmen nicht anders: Ich war früher bei der Managementberatung Roland Berger & Partner. Während dieser Zeit habe ich einmal die Eindringtiefe von Vorstandsentscheidungen im Rahmen eines Projekts bei der Ruhrkohle AG untersucht. Dort gab es sieben Hierarchiestufen. Beschlüsse der Vorstände drangen aber nur zwei Stufen nach unten vor. Die Mitarbeiter auf den restlichen vier Ebenen – also das ganze operative Geschäft – bekamen nichts mit, sie machten einfach weiter wie bisher. Das ist frustrierend für beide Seiten. Es wäre also dringend nötig, den vertikalen Dialog zu verbessern, und zwar in beide Richtungen.

Den großen weisen Anführer gibt es nicht mehr

Was die Entscheidungsstrukturen angeht, arbeiten viele Firmen noch immer wie zu Zeiten von Fords berühmter Tin Lizzy, jenem ersten Auto, das arbeitsteilig am Fließband hergestellt wurde. Damals gab es Leute, die dachten, und andere Leute, die arbeiteten. Die im Management haben den Arbeitern gesagt, was sie machen sollen, die Arbeiter standen am Band und mussten möglichst austauschbar sein. Damals war das vermutlich das richtige Modell. Aber in dem Moment, in dem sich die Industriegesellschaft in eine vernetzte Gesellschaft, eine Wissensgesellschaft verwandelt, macht eine solche Trennung zwischen Denken und Arbeiten keinen Sinn mehr. Gleiches gilt für die Vorstellung vom großen weisen Anführer, der als Einziger Märkte und Strategien überblickt und anschließend einsam die richtigen Entscheidungen trifft. Eigentlich war diese Vorstellung schon immer unsinnig und in Zeiten der Globalisierung und der Datengebirge ist sie endgültig absurd. Der Astrophysiker Stephen Hawking hat unsere Zeit als Jahrhundert der Komplexität bezeichnet. Er hat recht: Selbst die Welt eines mittelständischen Unternehmens ist heute so komplex, dass niemals ein Mensch alles für die Firma Wichtige wissen und alle Entscheidungen allein treffen könnte.

Noch bis vor gar nicht so langer Zeit galt die Fähigkeit, anhand des richtigen Bauchgefühls zu entscheiden, als die höchste Kunst der Führung. Heute, im Zeitalter der allgegenwärtigen Excel-Tabellen und SAP-Systeme, ist der Glaube dazugekommen, alles anhand knallharter Zahlen begründen zu können. Beides funktioniert im Zeitalter des Internets, in der von Globalisierung und von Dynamik geprägten Welt mit all ihren Unvorhersehbarkeiten, nicht mehr.

Zwar verharren auch viele Managementtheoretiker im alten Denken und gehen weiterhin davon aus, dass Führungskräfte wahlweise nur das richtige Managementmodell, die richtigen Fähigkeiten oder das richtige Know-how brauchen, um dann so wie früher auch in einer immer komplexeren Welt unfehlbar von oben nach unten entscheiden zu können. Aber es ist schlicht nicht möglich, dass ein einzelner Supermanager die gesamte globalisierte Welt im Blick hat oder auch nur alles, was potenziell sein Unternehmen betreffen könnte.[12] Außerdem wäre das auch gar nicht wünschenswert, wie der amerikanische Managementvordenker Peter Drucker festgestellt hat: „Fast alle Diskussionen über Entscheidungsstrukturen in Unternehmen laufen darauf hinaus, dass nur Topmanager entscheiden können oder dass nur die Entscheidungen von Topmanagern zählen. Dieses Denken ist ein gefährlicher Fehler." Und: „Kein Unternehmen, das für seine Führung auf ein Genie oder auf Superman

---

12. Viele Menschen wenden an dieser Stelle ein: „Aber Steve Jobs war doch so einer, der noch alles überblickt hat." Vielleicht stimmt das. Aber er war auch eine absolute Ausnahme, weil kaum ein Manager seine Genialität hat. Was Steve Jobs auszeichnete, war seine Detailversessenheit. Es gibt dazu eine spannende Anekdote, die nur wenige kennen: Ein deutsches Softwareunternehmen wollte seine Technologie an Apple verkaufen und dazu in Cupertino, der Heimat von Apple, die Sache demonstrieren. Steve Jobs war dabei. Aber die Technik funktionierte aus irgendeinem Grund nicht, der Bildschirm blieb schwarz. Die meisten Konzernchefs würden an dieser Stelle murmelnd rausgehen und bestenfalls wiederkommen, wenn alles läuft. Steve Jobs dagegen wollte unbedingt sehen, was die Deutschen mitgebracht hatten. Er kroch unter den Tisch, fand ein loses Kabel und behob den Fehler. Heute wird die Software, um die es damals ging, mit jedem Mac ausgeliefert. Was diese Geschichte beweist? Wer bei den Produkten der eigenen Firma wirklich durchblicken will, muss sich auch für kleine Details interessieren.

angewiesen ist, kann langfristig überleben. Stattdessen müssen Firmen so organisiert sein, dass normale, durchschnittliche Menschen sie führen können."[13]

„Sie arbeiten sklavisch daran, die Egos zu polieren"

Normale Menschen, die mit anderen normalen Menschen auf Augenhöhe kommunizieren: Das kann nur gelingen, wenn wir aufhören, durch überflüssige Hierarchiestufen oder großspurige Titel Macht von oben nach unten zu verleihen wie Verdienstorden. Der amerikanische Managementvordenker Gary Hamel beschrieb das Phänomen einmal so: „Wenn die Autorität von oben übertragen wird, ist der einzige Weg für Manager, die ihre Privilegien behalten wollen, ihren politischen Patronen zu gefallen. Die Konsequenz ist, dass die Bürokraten des mittleren Levels überproportional viel Zeit damit verbringen, nach oben zu managen. Sie arbeiten sklavisch daran, die Egos zu polieren und die Intentionen derer vorauszuahnen, für die sie arbeiten." Und: „Wenn große Leader kleine Leader anstellen, dann folgen sie häufig ihrem eigenen Bild. Das reduziert intellektuelle Diversität und fördert Speichelleckertum."[14]

Und es verhindert, dass Unternehmen und Organisationen den wichtigsten Schlüssel zum Erfolg nutzen: kooperatives Handeln. Der amerikanische Soziologe Richard Sennett bemerkte im vergangenen Jahr auf einer Veranstaltung in Hamburg, dieses kooperative Handeln werde bisher in unserer Gesellschaft als lediglich dekorativ, nicht als unter ethischen Aspekten wertvoll betrachtet. Als nett, aber nicht notwendig. Dass es auch praktisch ist und zu den besten Ergebnissen führt, hätten wir noch nicht ausreichend verstanden. Und auch nicht, dass es lebenswichtig ist für unsere Zukunft. Dem kann ich mich nur anschließen.

---

13. Drucker, Peter: *Die fünf entscheidenden Fragen des Managements*. Wiley-VCH, Weinheim 2009.
14. Hamel, Gary: *The Future of Management*. Harvard Business School Press, Boston 2007.

Natürlich weiß ich, dass es viel leichter gesagt ist als getan, umzudenken, sich zu vernetzen und kooperativ zu handeln. Vernetztes Denken zu lernen und es dann auch sinnvoll zu nutzen ist harte Arbeit. Und das gilt sogar für diejenigen, die die vielen schönen Internet-Tools, sozialen Netzwerke und Online-Foren im Griff haben, die das vernetzte Handeln als Teil ihrer DNA in sich tragen – die Piratenpartei zum Beispiel. Vielleicht ist es zu früh, von ihrem Scheitern als politischer Kraft zu sprechen, aber ich denke, dass die Piraten sehr viel Vertrauen verspielt haben, ist unstrittig. Konsequente Nutzung von Netzwerken wie Facebook, Twitter, YouTube oder des berühmten LiquidFeedback, einer freien Software zur politischen Meinungsbildung und Entscheidungsfindung, macht aus den Beteiligten eben keine neuen Menschen. Machtbewusstsein, Profilierungsbedürfnis, Geldgier, Eitelkeit und Postengeschacher verschwinden nicht. Und das galt in diesem Fall auch für diejenigen, die öffentlich ein anderes Verhalten gefordert hatten. Problematisch sind eben Menschen, die Wasser predigen und Wein trinken. In Netzwerken zu arbeiten funktioniert nur, wenn es Verbindlichkeit und ein gemeinsames Verständnis unter den Beteiligten gibt, an das sich alle halten. Wenn die Beteiligten innerlich bereit sind, kooperativ zu handeln, und Führungskräfte haben, die diese Bereitschaft nach Kräften unterstützen.

Durch vernetztes Denken verschwindet kein einziger Widerspruch

So widersprüchlich wie die Menschen bleibt auch das Internet selbst, weil es nicht nur riesige Chancen, sondern auch Gefahren birgt. Soziale Netzwerke erleichtern die Kommunikation, aber sie verlangen uns auch den Erwerb zusätzlichen Know-hows ab, um unsere Privatsphäre und unsere Daten zu schützen, um kompetent entscheiden zu können, was wir für wen öffentlich machen wollen – und was nicht. Die Ausspähaffäre um amerikanische und britische Geheimdienste und ihre Helfer in anderen Ländern hat gezeigt, dass wir alle noch viel mehr über den Umgang mit digitaler Öffentlichkeit lernen müssen.

Was diesen Lernprozess angeht, hatte ich schon vor vielen Jahren ein persönliches Aha-Erlebnis. Während meines Studiums wäre ich fast durch eine Wirtschaftsinformatik-Prüfung gefallen. Und das, obwohl ich eigentlich im Thema war, schon als Jugendlicher programmiert hatte. Ich fühlte mich sehr sicher auf diesem Gebiet, was leider zur Folge hatte, dass ich während der Vorlesung zum Thema einige Male fehlte ...

Meinem Professor war das wohl aufgefallen. Er fragte mich: „Wie schützen Sie Ihre Daten im Internet?" Ich antwortete ausführlich, berichtete von Firewalls, Verschlüsselungstechnik und anderen Dingen, die ich aus der Praxis kannte. Als ich fertig war, sah er mich an, runzelte die Stirn und sagte: „Am sichersten ist es, Ihre Daten einfach vom Internet fernzuhalten."

Dieser einfache Satz hat mich zum Nachdenken gebracht und er ist heute noch aktueller als damals, 1995: Wer nicht will, dass ein bestimmtes Foto irgendwo in einem sozialen Netzwerk auftaucht, der stellt es am besten gar nicht erst ins Internet. Auch mit solchen Widersprüchen muss sich jeder beschäftigen, der sich die Denkmuster des Internets zunutze machen will. Der Professor ließ mich übrigens gnädigerweise nicht durchfallen.

Durch vernetztes Denken und durch Internetwerkzeuge verschwindet kein einziger der Widersprüche, mit denen unsere Gesellschaft jetzt und in Zukunft leben muss. Aber diese Erkenntnis sollte uns keinesfalls davon abhalten, die riesigen Vorteile der Entwicklung zu nutzen. Auch weil es keine Alternative dazu gibt, jedenfalls nicht für die Verantwortlichen in Unternehmen. Der Einfluss des Internets auf unser Denken und Handeln wird weiter zunehmen, ob es uns nun passt oder nicht. Es geht darum, davon zu profitieren.

In diesem Buch wird noch viel von Vorbildern die Rede sein. Sie zeigen nicht nur den erfolgreichen, sondern auch den verantwortungsvollen Umgang mit den neuen Möglichkeiten. Verantwortung ist deshalb so wichtig, weil die Meritokratie des Internets wie beschrieben neue Macht verleiht – zum Beispiel denjenigen, die in der Lage sind, in kürzester Zeit durch einen Shitstorm öffentlichen Druck auf eine Firma auszuüben. Auch der Tänzer auf dem Festival hat durch Gefolgschaft Macht bekommen. Die Frage ist, wie er damit umgeht. Er könnte zum Beispiel Streit anfangen oder sich hinsetzen und demonstrativ kiffen, vermutlich würden das viele andere dann auch tun. Oder aber er sagt: Lasst uns doch mal den Müll einsammeln, der hier überall herumliegt. Es kommt eben darauf an, was Menschen aus einer Führungsrolle machen.

Microsoft-Gründer Bill Gates zum Beispiel hat seinen Einfluss und sein Vermögen auch dazu genutzt, um über die Bill & Melinda Gates Foundation, die größte private Stiftung der Welt, Landwirtschafts-, Gesundheits- und viele andere Projekte auf dem ganzen Globus zu fördern.

Menschen möchten etwas Sinnvolles tun

Wie perfekt das Internet dazu geeignet ist, durch Vernetzung die Welt zu verändern, beweist die GlobalGiving Foundation. Einer ihrer beiden Gründer ist die ehemalige Innovationsmanagerin der Weltbank Mari Kuraishi. Die Japanerin, die früher einmal in Düsseldorf lebte und heute in Washington zu Hause ist, war 2013 die Gewinnerin des LIDA Awards in der Kategorie Non-Profit.

GlobalGiving ist eine Crowdfunding-Plattform, auf der Personen und Organisationen Entwicklungsvorhaben vorstellen. Alle Interessierten – Privatleute und Unternehmen – können Projekte, die ihnen gefallen, dann direkt finanziell unterstützen. Dazu ist keine professionelle Hilfsorganisation notwendig, wie wir sie von den Spendenaufrufen im Werbefernsehen kennen. Man braucht noch nicht einmal eine Bank. Worauf es stattdessen ankommt, erklärte Mari Kuraishi einmal im Gespräch mit mir.

Interview mit Mari Kuraishi, (Mit-)Gründerin der GlobalGiving Foundation:

„Es geht darum, die Leidenschaft zu wecken."

Willms Buhse: Warum sollten sich Charity- und Selbsthilfe-Organisationen heute der Internetprinzipien Vernetzung, Offenheit und Partizipation bedienen? Wie können sie mit diesen Werkzeugen erfolgreich sein?

Mari Kuraishi: Immer mehr Menschen genügt es heute nicht mehr, ein Rädchen zu sein, das sich auf Anweisung in einer fest definierten Weise dreht. Auch die Rolle des Spenders, der etwas gibt und anschließend hofft, dass mit seinem Geld irgendwas Gutes getan wird, befriedigt die meisten nicht mehr. Die Menschen wollen eingebunden, gefragt werden und mitentscheiden. Das gilt auch und erst recht für jene, die sich für eine Initiative interessieren, ihr aber nicht ihr ganzes Leben widmen wollen. Auch ihnen geht es – wie fast jedem – darum, etwas Sinnvolles zu tun. Diese Menschen müssen wir erreichen. Jene, die bereit sind, 20 Dollar oder 20 Minuten ihrer Zeit oder sonst etwas Begrenztes, aber Hilfreiches zu einer Initiative beizutragen. Diese Haltung können wir gar nicht genug wertschätzen! Wir sollten nicht erwarten, dass Menschen ihr ganzes Leben unserer Sache widmen und quasi professionelle Helfer werden wollen. Stattdessen sind Millionen von Menschen bereit, einen TEIL ihres Lebens irgendeiner guten Sache zu widmen. Diese Menschen wollen wir gewinnen.

Ihnen ist es gelungen, viele davon zu mobilisieren. Was können Manager aus Ihren Erfahrungen und ganz generell von einem Projekt wie GlobalGiving lernen?

Die meisten Mitarbeiter großer Unternehmen engagieren sich nur ausgesprochen ungern für Dinge, die nicht direkt etwas mit ihrer Abteilung zu tun haben oder die nicht in ihrem Arbeitsvertrag stehen. Diese Erfahrung habe ich früher, als ich in einer Organisation mit Tausenden von Mitarbeitern gearbeitet habe, öfter gemacht.

Heute, in meiner Tätigkeit für GlobalGiving, kooperiere ich mit unzähligen externen Organisationen aus der ganzen Welt, mit Menschen, auf die ich keinerlei direkten Einfluss habe. Und diese Menschen unterstützen mich auf alle nur erdenkliche Weise, verschaffen mir Businesschancen, die ich ohne sie niemals gehabt hätte. Alle Beteiligten sehen den gegenseitigen Nutzen, deshalb funktioniert es. Traditionelle, hierarchische Unternehmen sind dagegen oft zu schwerfällig, um sich dieses einfache Prinzip zunutze zu machen. Obwohl doch eigentlich auch sie alles tun sollten, um die gemeinsamen Ziele zu erreichen.

Glauben Sie, allgemein gesprochen, dass sich auf der Basis von Zwang, von Befehl und Gehorsam, Erfolg herstellen lässt?

Nein, das glaube ich nicht. Eher fließt Wasser den Berg hoch. Wer Erfolg haben will, muss die Leidenschaft seiner Mitarbeiter wecken und sie nicht herumkommandieren. Auf Befehle reagieren gerade junge Menschen allergisch. Sie sehen den Vorgesetzten an und sagen: „Hör mal, was versuchst du hier eigentlich? Willst du mir sagen, ich soll etwas tun, an das ich nicht glaube? Vergiss es."

Wichtig für die Mobilisierung von Menschen ist vor allem die Offenheit, mit der GlobalGiving vorgeht. Die Organisation ist transparent: Was mit dem über GlobalGiving gespendeten Geld genau geschieht, sehen die Unterstützer auf der Internetplattform, außerdem stellt GlobalGiving auf Wunsch den direkten Kontakt zwischen Unterstützer und Empfänger her. Ich finde, mit dieser Idee haben die ehemalige Weltbank-Managerin Mari Kuraishi und ihre Mitstreiter neue Standards für Sichtbarkeit und Effizienz bei der Vermittlung sozialer Projekte gesetzt.

Natürlich funktioniert die Vermittlung von Jobs und Projekten via Internet auch im normalen Geschäftsleben, also jenseits des Non-Profit-Bereichs. Wie schnell sich damit Ziele erreichen lassen, habe ich einmal im Zusammenhang mit einer Ausschreibung gezeigt. An einem Freitag hatte ich auf einer Konferenz zufällig eine Freundin getroffen. Sie erzählte mir, dass sie für ihren Arbeitgeber eine neue Webseite bauen lassen wollte. Zwei Agenturen hatte sie bereits um Angebote gebeten, trotzdem bekam auch ich die Chance, mich noch an der Ausschreibung zu beteiligen. Die Herausforderung war der Zeitplan: Bis Montag wollte sie das Angebot inklusive eines Entwurfs haben, mein Team und ich hatten also zweieinhalb Tage ...

Ich sehe meine Aufgabe darin, Brücken zu bauen

In Vor-Internetzeiten wäre das ein Ding der Unmöglichkeit gewesen, heute ist es das nicht. Über eine Internetplattform, auf der Designer rund um den Globus Entwürfe anbieten können, bekam ich innerhalb von einem Tag nach meinen Vorgaben ungefähr 20 spannende Vorschläge für die Optik der neuen Webseite. Parallel dazu gaben wir eine Wettbewerbsbeobachtung in Auftrag und ließen in Indien einen funktionsfähigen Prototyp bauen, der die wichtigsten geforderten Funktionalitäten der Webseite bereits enthielt. Am Montag gaben wir unser Angebot ab, inklusive der Entwürfe und des Prototyps – und bekamen den Auftrag.

Als ich diese Geschichte einmal bei einem Seminar erzählte, kritisierte mich einer der Teilnehmer: Seine Frau sei Grafikern. Aufträge wie den beschriebenen international via Internet auszuschreiben drücke die Preise extrem und führe am Ende dazu, dass deutsche Grafiker keine Arbeit mehr hätten. Ein typischer Konflikt des Internetzeitalters und der Globalisierung. Beides führt dazu, dass auch Spezialisten aus Bangkok oder aus Hanoi einen bestimmten Job bekommen können und nicht nur welche aus München oder Düsseldorf. Deutschland ist eben nicht das einzige Land der Ideen. Das sollten auch Manager im Hinterkopf haben, die auf der Suche nach neuen Ansätzen, nach kreativem Input sind. Natürlich verstehe ich den Einwand des Seminarteilnehmers, aber die Welt vernetzt sich eben immer mehr, ob es uns nun gefällt oder nicht.

Auftretende Konflikte zu erkennen, Widersprüche aufzulösen, verschiedene Welten zusammenzubringen, Brücken zu bauen, genau darin sehe ich meine Aufgabe. Ich will sowohl Führungskräfte für den Wertewandel sensibilisieren als auch ihre Mitarbeiter mitnehmen, alle Beteiligten genau da abholen, wo sie stehen. Das war auch der Ansatz der 2008 von mir angeregten Initiative DNAdigital, die Teil des jährlich stattfindenden nationalen IT-Gipfels war. Schirmherrin war die Bundeskanzlerin. DNAdigital hatte unter anderem zum Ziel, Vorstände großer deutscher Unternehmen mit der Internetgeneration zusammenzubringen. Und genau das taten wir auch. Zum Beispiel haben wir anlässlich einer Geschäftsleitungs-Sitzung bei Volkswagen, bei der es um die Einführung von Internetwerkzeugen ging, zehn „Digital Natives", also Angehörige der Internetgeneration, hinzugezogen. Die haben erst nur zugehört, aber anschließend auch eingegriffen, Entscheidungen kommentiert und damit indirekt einen Beitrag zur Zukunftsfähigkeit des Unternehmens geleistet.[15]

---

15. Buhse, Willms und Ulrike Reinhard (Hrsg.): *DNAdigital – Wenn Anzugträger auf Kapuzenpullis treffen: Die Kunst aufeinander zuzugehen.* Whois Verlag, Leipzig 2009.

♨ f 8⁺

Wo ich das Management by Internet gelernt habe

Es geht in diesem Buch um eine Revolution im Denken. Aber Revolutionen sind verdammt schwer umzusetzen, das erlebte ich hautnah während meiner Zeit als Manager eines Softwareunternehmens – also der Art Unternehmen, bei der man eigentlich annehmen würde, dass vernetztes Denken und das Management by Internet eher selbstverständlich sind als in klassischen Organisationen. Im Folgenden berichte ich über die Erfahrungen, die ich dabei gemacht und über die Schlüsse, die ich gezogen habe. Und darüber, warum es sich lohnt, Revolutionen anzuzetteln.

Von 2003 bis 2008 war ich Mitglied der Geschäftsleitung bei Core-Media, einem international tätigen Anbieter von Hochleistungs-Internetsoftware, von Computerprogrammen, mit denen sich die Inhalte von Webseiten professionell erstellen und managen lassen. In dieser Zeit verordneten wir CoreMedia einen radikalen Kulturwandel, das heißt, wir haben versucht, viele Dinge grundsätzlich und bewusst anders zu machen, als es in anderen Unternehmen üblich ist. Vieles davon funktionierte hervorragend (sonst wären wir keine Fallstudie der Universität Harvard geworden), einiges hätte aber besser laufen können.

CoreMedia wurde 1996 gegründet und hat seinen Hauptsitz in Hamburg. Das Unternehmen betreibt Büros in San Francisco, London und Singapur. Zu den Kunden zählen Unternehmen wie Bertelsmann, BILD, Daimler, die Deutsche Telekom, O2, das ZDF, Vodafone und auch das Internationale Olympische Komitee.

Als ich 2003 Mitglied der Geschäftsleitung wurde, fand ich ein Unternehmen vor, das nach sechs Jahren Erfolg und kontinuierlichem Wachstum in einer Krise steckte. Von 110 Mitarbeitern waren ungefähr 20 entlassen worden.

Während ich in Hamburg über die Flure des Unternehmens schlenderte, entstand bei mir der Eindruck: Das ist ein Laden mit wenig Esprit, von Start-up-Atmosphäre oder Aufbruchsstimmung spürt man kaum etwas. Statt gemeinsam an Zielen zu arbeiten, kümmern sich die meisten nur um die eigene Abteilung, sichern die eigene Position ab, statt konstruktiv mit anderen zusammenzuarbeiten. Mitarbeiter und Management sind ziemlich weit voneinander entfernt, alle machen mehr oder weniger Dienst nach Vorschrift.

Ich sah also ein Stück weit genau das, was ich oben im Zusammenhang mit der Gallup-Studie dargestellt habe. Zur mäßigen Stimmung trug bei, dass CoreMedia gerade eine neue Version seiner Content-Management-Software herausgebracht hatte und diese von den Kunden ziemlich verrissen worden war. Und die Software hatte damals in der Tat einige Schwächen.

Es kam nicht darauf an, was wir besser konnten als andere

Gleichzeitig war die Außendarstellung des Unternehmens eher diffus, wir kommunizierten nicht klar genug, was CoreMedia genau zu bieten hatte.

Damit verschenkten wir Potenzial, schließlich hatten wir tolle Kunden und smarte Mitarbeiter, Leute, die auch einen Job bei Google bekommen hätten. Über zwei Professoren, die Miteigentümer waren und im Aufsichtsrat saßen, kamen außerdem ständig neue Talente von der Uni dazu.

Trotzdem lieferte CoreMedia nicht die Ergebnisse und hatte nicht die Dynamik, die sich alle wünschten, weil Strukturen und Abläufe im Unternehmen die Mitarbeiter nicht gerade motivierten. Damit wollte ich mich nicht abfinden, es war mein Anspruch, CoreMedia wieder zu einem innovativen, lebendigen, dynamischen Softwareunternehmen zu machen.

Meine erste Aufgabe bestand darin, zu analysieren, wer unsere direkten Wettbewerber waren. Ich kannte den Markt relativ gut, nach ein paar Stunden Recherche konnte ich sagen: Es sind ungefähr

700 Unternehmen weltweit. Aber was war eigentlich unser Alleinstellungsmerkmal? Was konnten wir besser als alle anderen? Meine Antwort lautete: Bei 700 Firmen ist es ziemlich schwierig, so etwas zu finden. Und selbst wenn wir ein solches Merkmal hätten und damit groß Werbung machen würden, würde es keinen Monat dauern, bis andere das auch könnten.

Die Schlussfolgerung: In einem so zerklüfteten Markt ergibt es überhaupt keinen Sinn, sich an den Wettbewerbern zu orientieren oder sich diese auch nur detailliert anzusehen. Viel wichtiger ist es, in der Lage zu sein, die Wünsche der Kunden schneller als andere umzusetzen.

Das will im Grunde natürlich jedes Unternehmen. Nur: Ob und in welcher Qualität es dazu in der Lage ist, hängt massiv von seiner Organisation und von seiner Führung ab. Unsere Strukturen waren diesbezüglich nicht optimal. Mit einem vernetzten System, in dem Informationen schnell fließen und das sich selbst organisiert, hatte CoreMedia keine große Ähnlichkeit.

Die Idee war deshalb, uns die Funktionsweise des Internets zum Vorbild zu nehmen, um schneller auf Veränderungen reagieren zu können. Wir wollten uns Strukturen abgucken von jenem Medium, mit dem wir täglich arbeiteten, von dem wir lebten und von dem wir sahen, wie effizient es funktionierte.

Wäre es nicht ein Traum, wenn ein Unternehmen genauso vielfältig, so kreativ und so bunt wäre wie das Internet?

Um dahin zu kommen, genügten aber keine kosmetischen Korrekturen, etwa die Reorganisation einer Abteilung, das war uns allen klar. Es ging stattdessen um tief greifende Veränderungen der Strukturen, aber auch um die persönliche Weiterentwicklung der Menschen, die bei CoreMedia arbeiteten. Und wir als Führungsmannschaft mussten dabei vorangehen. Wer sonst sollte es tun?

Wir waren auf der Suche nach einer neuen Kultur

Wichtig war dabei auch, beruhigend zu wirken und den Mitarbeitern das Vertrauen auszusprechen, nach dem Motto: „Passt auf, es geht bei allen Veränderungen nicht darum, effizienter zu werden und den Effizienzgewinn dann zu nutzen, um Leute zu entlassen. Sondern wir wollen einfach besser zusammenarbeiten und dadurch das hohe Potenzial, das wir haben, nutzen."

Das war die Botschaft. Mit anderen Worten waren wir auf der Suche nach einer neuen Kultur. Einer Unternehmenskultur, die Innovationen möglich macht und dann auch weiter vorantreibt.

Wie Fehler zur wichtigen Informationsquelle werden

Wir wünschten uns eine offene Kommunikation und täglich gelebte Feedback-Kultur. Auch hier dient das globale Netz als Vorbild: Dessen Kommunikationskanäle – Facebook zum Beispiel – leben eine Kultur des permanenten, schnellen Feedbacks. Und sie werden entsprechend genutzt, wie ich anhand der Protestaktionen gegen Henkel, die Deutsche Telekom oder Microsoft gezeigt habe. Unternehmen, die diese Art des Feedbacks intelligent einbinden, dient es als sehr wirkungsvolle und preiswerte Form der Marktforschung.

Für die Internetgeneration ist dieses Feedback selbstverständlich, sie erwartet einen solchen Umgang miteinander auch am Arbeitsplatz. Diesen Anspruch im Alltag zu erfüllen ist allerdings nicht ganz einfach. Zum Beispiel weil sich die meisten Menschen davor scheuen, kritische Beobachtungen und Empfindungen offen und ehrlich mitzuteilen. Auf der anderen Seite werden anerkennende und wertschätzende Rückmeldungen ebenfalls verschwiegen, nach dem Motto: „Das braucht doch nicht betont zu werden, der Kollege XY weiß doch selbst, dass er gut arbeitet." Dabei ist gerade positives Feedback so wichtig, will man eine innovationsfreudige, kreative Kultur etablieren.

⚘ **f** 8⁺

Diese entsteht keineswegs von selbst, sondern die notwendigen Verhaltensweisen müssen trainiert werden, bevor die ganze Organisation sie verinnerlicht hat. In diesem Sinne schulten wir nach den Führungskräften sämtliche Mitarbeiter. Dabei ging es vor allem darum, zu lernen, Feedback und Kritik wirklich anzunehmen und konstruktiv zu nutzen. Das geschieht zum Beispiel dadurch, dass man sich in einer Auseinandersetzung zunächst auf eine von niemandem in Zweifel gezogene Beobachtung verständigt. So etwas wie: Kollege Z ist zehn Minuten zu spät zum Meeting erschienen. Derjenige, der das kritisiert, sagt dann, was genau ihn daran stört. Zum Beispiel: „Ich fühle mich durch dein Zuspätkommen nicht wertgeschätzt, weil ich dann zehn nutzlose Minuten auf dich warten muss." Und der Kritisierte nimmt die Kritik an, indem er sie mit eigenen Worten wiederholt, anstatt sich zu rechtfertigen und zu erzählen, warum er nicht pünktlich kommen konnte. Auf diese Weise führt Feedback zu echten Verbesserungen und letztendlich funktioniert die Kommentarfunktion auf der Amazon-Seite auch nicht anders.

Nach der Schulung stellten wir uns als Geschäftsleitung der Kritik unserer Angestellten. Was mich betraf, so nutzte ein Kollege aus dem IT-Service die Gelegenheit für folgendes Feedback: „Ich beobachte, dass dein Laptop zerkratzt aussieht. Ich ärgere mich und fühle mich in meiner Arbeit nicht wertgeschätzt. Ich deute das als rücksichtslosen Umgang mit der Technik und vermute, dass dir nicht bewusst ist, wie viel Arbeit ich investiere, um die Technik des Hauses auf dem neuesten Stand zu halten." Im ersten Moment war ich versucht, dem Kollegen zu widersprechen, mich zu rechtfertigen und zu erklären, warum der Rechner so aussah, wie er aussah. Aber ich schluckte die Antwort hinunter, hielt mich stattdessen an die zuvor erlernte Regel, gegebenes Feedback noch einmal mit eigenen Worten zu wiederholen und so etwas daraus zu lernen.

Nachdem alle geschult waren, hielt die Feedback-Kultur nach und nach tatsächlich Einzug in unseren Alltag. Im Laufe der Zeit wurde es selbstverständlich, nach einem Meeting die Runde zu fragen, wie sie dieses Meeting und sein Ergebnis beurteilte. Alle lernten viel über sich und entdeckten auch ihre blinden Flecke.

Irgendwann fingen wir dann an, auch von den Kunden regelmäßig Feedback einzufordern, das über den obligatorischen Fragebogen deutlich hinausging. Wir riefen sie an und fragten ganz detailliert danach, was ihnen an unseren Produkten gefällt und was nicht und warum. Die Kunden reagierten zuerst verwundert, weil sie Vergleichbares noch nie erlebt hatten.

Aber mittelfristig war die Wirkung ganz verblüffend: Die offenen Gespräche führten zu einem nie da gewesenen Vertrauensverhältnis zwischen Lieferant und Kunde. [16]

Außerdem gelingt es Unternehmen mit einer funktionierenden Feedback-Kultur besser als anderen, junge, talentierte Leute an sich zu binden. Für die Internetgeneration um die 30 ist das ein ganz wichtiger Aspekt bei der Auswahl des Arbeitgebers. Sie gehen bevorzugt zu dem Unternehmen, in dem sie viel Rückmeldung bekommen, weil sie dadurch schnell lernen und sich schnell weiterentwickeln.

Wo Konflikte sind, da ist Kraft für Veränderungen

Ausdruck eines neuen Geistes bei CoreMedia war ein Leitspruch, den wir immer häufiger nutzten: „Hurra, ein Konflikt!" Statt sich wie bisher vor Auseinandersetzungen zu drücken und damit Entwicklungen zu behindern, hatten wir mit der Feedback-Kultur einen Rahmen geschaffen, der es uns allen ermöglichte, positiv mit Konflikten

---

16. Wie umwerfend die Wirkung des direkten Dialogs mit den Kunden ist, habe ich auch einmal im Rahmen eines Management-Workshops bei einem Handelskonzern demonstriert. Jede der versammelten Führungskräfte fand auf seinem Platz eine Liste mit Telefonnummern von fünf Kunden, die dem Unternehmen in jüngster Zeit verloren gegangen waren. Die Aufgabe lautete dann, diese Kunden anzurufen und sie zu fragen, warum sie unzufrieden sind. Obwohl die Idee bei den Führungskräften zunächst keine Begeisterung auslöste, mussten hinterher alle einräumen, dass sie dabei viel gelernt hatten.

umzugehen, sie als Werkzeug zur Weiterentwicklung und als Chance zu begreifen.

Wer Konflikte austrägt, der macht natürlich auch Schwächen sichtbar.

Bei CoreMedia führte das eine Zeit lang zu einer Art kollektiver Depression, weil jetzt für jeden offenbar wurde, dass unsere Produkte Fehler hatten, dass wir Ausschreibungen verloren oder auf Events nicht die gesteckten Ziele erreichten. Aber wer Probleme offen anspricht, der kann sie auch beheben und zum Beispiel die Produkte verbessern, anstatt sang- und klanglos enttäuschte Kunden zu verlieren. Und gerade deshalb war dieser Ansatz richtig, schon nach kurzer Zeit wurden Verbesserungen sichtbar. Wo Konflikte sind, das habe ich daraus gelernt, da ist Kraft und Energie für Veränderungen.

Eine andere Erkenntnis ist aber auch, dass es nicht immer ratsam ist, jedem und jeder öffentlich Feedback zu geben. Die Geschäftsleitung muss natürlich Feedback im Beisein anderer aushalten können, für die Mitarbeiter gilt das nur bedingt. Hier braucht es Fingerspitzengefühl. Manchmal ist es angebracht, Feedback in einem Vieraugengespräch und nicht öffentlich zu geben, um persönliche Verletzungen zu vermeiden. Die öffentliche Selbstzerfleischung der Piratenpartei, deren Mitglieder sich über Twitter und andere Medien öffentlich beharkten, hat mir einige Jahre später noch einmal vor Augen geführt, wie wichtig es ist, je nach Situation zu entscheiden, wie öffentlich ein Konflikt gemacht werden sollte. Es gibt Dinge, die muss man sicher öffentlich machen, um zu warnen, um ein Zeichen zu setzen. Aber auf der persönlichen Ebene würde ich das immer wertschätzend tun. Und für manche ist es grundsätzlich zu hart, vor versammelter Mannschaft kritisiert zu werden, Menschen mit asiatischen Wurzeln zum Beispiel leiden in der Regel darunter. Und manche Themen eignen sich gar nicht für die öffentliche Diskussion. Darauf sollten Führungskräfte unbedingt Rücksicht nehmen. Damit

Mitarbeiter sich auch trauen, Fehler zu machen und Fehler zuzugeben, müssen sie sicher sein, dass sie nicht vor versammelter Mannschaft bloßgestellt werden. Was nicht heißt, dass man nicht über Probleme spricht; entscheidend ist, dabei wertschätzend miteinander umzugehen.

Richtig problematisch ist aus meiner Erfahrung eine Kultur, in der Fehler nicht vorkommen dürfen. Zu Beginn meines Jobs bei Bertelsmann wurde ich von einem Aufsichtsratsmitglied interviewt und dann als Internet-Technologiescout eingestellt, mit dem Hinweis, jeden Fehler einmal machen zu dürfen, aber nicht zweimal. Diese Ansage war für mich ein Grund, dort anzufangen. Denn wenn Fehler aus Prinzip nicht vorkommen dürfen, dann werden sie vertuscht. Denn Fehler passieren natürlich. Entscheidend ist, sie zu analysieren und aus ihnen zu lernen. Nur so können sich Menschen und Organisationen weiterentwickeln.

Durch den bewussten Umgang mit Fehlern konnten wir auch bei CoreMedia unser Potenzial besser ausschöpfen, sehr viel lernen. Getreu dem Grundsatz „fail early, fail often – scheitere früh, scheitere oft" gab es eine für alle (also auch für Kunden, die gerade zu Besuch waren) sichtbare Lampe, die grün leuchtete bei erfolgreichen Tests unserer Software und rot bei fehlerhaften. Die Lampe leuchtete ziemlich oft rot: Softwareentwicklung bedeutet Versuch und Irrtum und ist damit fehlerträchtig. Wo immer nur grüne Lampen leuchten, da geht niemand an die Grenzen, da wird nie etwas riskiert. Fehler gehören zur Entwicklung dazu, es ist gut, wenn sie gemacht werden. Wer zu dieser Erkenntnis steht, produziert am Ende bessere Qualität.

Immer wenn in einem Workshop über Scheitern wertschätzend berichtet wird, steigt die Stimmung. Scheitere heiter ist ein wichtiges Rezept für Schauspieler auf der Bühne, um mit eigenen Fehlern so umzugehen, dass das Publikum sie verzeiht. Davon kann manch ein Manager lernen.

Einige haben das getan, beispielsweise das US-Unternehmen Netflix, von dem im Kapitel 2 noch ausführlich die Rede sein wird. Netflix setzt auf ein Prinzip namens „Rapid Recovery". Fehler möglichst schnell zu erkennen und umgehend zu korrigieren ist hier wichtiger als der Versuch, Methoden zu entwickeln, um Fehler grundsätzlich zu vermeiden. Denn das ist unwirtschaftlich und verhindert Innovationen.

Informationen müssen frei fließen

Ungehinderter Zugang zu Informationen als Rohstoff für Innovationen sollte heute eigentlich für die Arbeit in einer Wissensgesellschaft – und in einer solchen befinden wir uns – selbstverständlich sein. Tatsächlich gilt aber in vielen Unternehmen noch immer der Grundsatz, dass Wissen Macht bedeutet und deshalb nur sehr selektiv mit anderen geteilt wird. Oft gibt es Vereinbarungen darüber, wer genau welche Information nutzen darf, und das ist das genaue Gegenteil von freiem Zugang.

Die betriebliche Realität steht damit im deutlichen Gegensatz zur Realität des Internets. Hier werden Informationen in zugangsbeschränkten Ordnern gelagert, dort ist das meiste frei zugänglich für jedermann. Wer Innovationsfähigkeit will, sollte aber möglichst viel Vernetzung und Offenheit zulassen, also die Logik des Webs in die Organisation hineintragen.

Mit unserem CoreMedia-Blog, den wir vor fast zehn Jahren starteten, und dem internen Mikroblog Trillr, der ähnlich aufgebaut ist wie der heute so populäre soziale Kurznachrichtendienst Twitter, schufen wir ein Netzwerk, das freien Informationsaustausch nicht nur über Abteilungsgrenzen, sondern auch über unterschiedliche Kontinente hinweg möglich machte.

Viele Regeln, wie diese Kommunikation abzulaufen hatte, brauchte es nicht. Der schlichte Grundsatz „Don't write anything stupid – und wenn du dir nicht sicher bist, frag jemanden, der sich auskennt" sorgte für eine hohe Qualität der Diskussionen. Schnell wurde deutlich, wer zu welchem Thema etwas beitragen wollte und auch das erforderliche Wissen dazu hatte. Durch positive Bewertungen von Kollegen à la Facebooks „Gefällt mir" erlangten Mitarbeiter den Status eines Experten für bestimmte Fragestellungen. Selbst Kunden und Partner lasen bestimmte Beiträge und diskutierten mit. Ein weiterer Vorteil war auch, dass sich Wissen an Hierarchien vorbei verbreiten konnte.

Warum Transparenz als Basis für Vertrauen funktioniert

Ohne Vertrauen kann kein selbst organisiertes System funktionieren, das sich den Werten Vernetzung, Offenheit, Partizipation und Agilität verschrieben hat. Doch Vertrauen ist zerbrechlich, und eine belastbare Vertrauenskultur zu etablieren ist leichter gesagt als getan.

Wichtigste Voraussetzungen sind Ehrlichkeit und echte Transparenz. CoreMedia hatte schon immer eine relativ offene Kommunikationskultur. In monatlichen Meetings wurden Firmenkennzahlen wie Umsatz, Kosten und Liquidität allen mitgeteilt und Themen besprochen, die dem Management oder den Mitarbeitern am Herzen lagen. Trotzdem waren wir in der Führungscrew der Meinung, dass sich das Maß an Transparenz noch deutlich erhöhen ließe. Und zwar durch die folgenden vier Maßnahmen:

- Alle Führungskräfte bewerteten die eigene und die Leistung der anderen Mitglieder der Geschäftsleitung in einer offenen Runde, die Ergebnisse konnten alle Mitarbeiter im Intranet nachlesen.
- An den monatlichen Strategiemeetings der Geschäftsleitung nahmen jeweils fünf Delegierte aus der Belegschaft als sogenanntes Sounding Board teil. Ihre Aufgabe war es, zu beobachten, Feedback zu geben und die Ergebnisse den anderen Mitarbeitern über das Blog mitzuteilen.

⏏ f 8⁺

- Alle Mitarbeiter waren ausdrücklich aufgefordert, über ihre Erfahrungen im Unternehmen zu bloggen, das Managementteam ging hier mit gutem Beispiel voran.
- Am wöchentlichen Meeting des Managementteams – Jour Fixe genannt – durften alle Mitarbeiter teilnehmen. Ausgeklammert waren allerdings vertrauliche Dinge wie Personalentscheidungen.

Das Vertrauen untereinander wurde durch diese vier Maßnahmen wesentlich besser. Viele Mitarbeiter, die uns in der Zusammenarbeit als Führungsteam erlebt hatten, waren überrascht von der Komplexität der Themen und der Anforderungen, mit denen wir uns täglich auseinandersetzen mussten.

Am wirkungsvollsten war der Aufbau des Sounding Boards als feste Instanz mit stetig wechselnden Mitgliedern. Entstanden war dieses Gremium, weil ein Mitarbeiter die Bitte geäußert hatte, einmal an einem Strategiemeeting teilnehmen zu dürfen. Der Vorschlag kam uns wie gerufen. Wir fragten alle Mitarbeiter, wer beim nächsten Strategiemeeting dabei sein wolle. Es meldeten sich relativ viele, fünf davon nahmen dann am nächsten Meeting teil. Nach etwa zwei Stunden fand eine Feedback-Runde statt, will heißen, die Mitglieder des Sounding Boards bewerteten die Ergebnisse des Meetings sowie die Vorgehensweise und das Verhalten des Führungsteams.

Dem blieb dabei nur die Rolle von Zuhörern und Zuschauern. Nach etwa 20 Minuten wurden wieder die ursprünglichen Rollen eingenommen, das heißt, die Unternehmensleitung diskutierte über die Strategie und das Sounding Board hörte zu.

Die Effekte dieses Wechsels der Funktionen waren beeindruckend. Obwohl oder gerade weil es zwar Feedback, aber keine Diskussion darüber gab, entfalteten die Rückmeldungen eine sehr unmittelbare Wirkung. Meiner Meinung nach lag der Effekt vor allem in der Kurzfristigkeit des Feedbacks. Das Sounding Board spiegelte unsere Diskussionen wider und deckte auch unausgesprochene

Konflikte auf, löste sie zum Teil sogar. Außerdem wirkten die Mitglieder des Sounding Boards als Botschafter, trugen Entscheidungen der Führung ins Unternehmen hinein: Die Kollegen diskutierten in der Kaffeeecke Inhalte der Strategiemeetings, auch wer selbst nicht dabei war, konnte so Entscheidungen nachvollziehen und Verständnis für die Arbeit des Führungsteams entwickeln.

Auf der anderen Seite war diese Art der Transparenz für die Unternehmensleitung nicht immer angenehm, und das galt auch für mich. In einem Meeting verteidigte ich das von mir verantwortete Marketingbudget. Bei der Reflexion durch das Sounding Board bekam ich zu hören, ich hätte ausschließlich aus Marketingsicht argumentiert und das Gesamtinteresse von CoreMedia vernachlässigt. Das Sounding Board deutete meine Argumente als Ausdruck der Angst, man könnte mir mein Budget übermäßig kürzen. Ich war durchschaut. In der folgenden Diskussion mit den Managementkollegen half mir dieses Feedback dabei, Ängste klar zu formulieren und zugleich den Blick auf die übergeordneten Unternehmensinteressen zu richten. Hätte ich das Feedback nicht erhalten, wäre dieses Strategiemeeting weit weniger erfolgreich für mich und mein Team verlaufen. Wer Offenheit und Partizipation fordert, muss natürlich auch Kritik aushalten können. In diesem Sinne war der Job bei CoreMedia meine bis dahin eindeutig größte Herausforderung.

Von der Persönlichkeits- zur Organisationsentwicklung

Wir wussten, dass der Erfolg des Unternehmens maßgeblich davon abhängt, dass sich jeder Einzelne weiterentwickelt und verbessert. Um das zu erreichen, wollten wir aber die Mitarbeiter nicht von oben beglücken, sondern jeder sollte die eigene Situation bewerten, persönliche Lernprogramme entwickeln und umsetzen. Die Idee dahinter war, dass jeder Mitarbeiter selbst am besten weiß, welche Stärken und Schwächen er hat. In der Rückschau denke ich allerdings, dass wir dabei zu stark die Schwächen und zu wenig die Stärken betrachteten. Heute bin ich der Meinung, es genügt vollauf, die eigenen Schwächen zu kennen. Arbeiten sollte man aber an den Stärken, weil es mehr Lernerfolge bringt und motiviert.

Auch durch Freiräume wie den, einen Teil der Arbeitszeit in selbst gewählte Projekte investieren zu dürfen – ein Konzept, das auch Google lange verfolgte –, entwickelten wir die Kompetenzen der Mitarbeiter weiter und machten sie für das Ganze nutzbar.

Außerdem organisierten wir regelmäßig sogenannte OpenSpaces, Treffen ohne feste Tagesordnung. Jeder konnte zu diesen Versammlungen ein Thema mitbringen und es allen vorstellen. (Mehr über OpenSpaces erfahren Sie in Kapitel 3.)

Aus solchen OpenSpaces sind bei CoreMedia zwei von drei neuen Produkten entstanden. An diesen Veranstaltungen nahmen im Laufe der Zeit auch Externe, Freunde, Kunden und Partner teil. Ziel war es, eine möglichst große Vielfalt von Ideen und Perspektiven zu kreieren und zu verhindern, dass wir als CoreMedia nur „im eigenen Saft schmoren".

Gleichzeitig gelang es dadurch allen, sowohl den Mitarbeitern als auch den Führungskräften, ein kollektives Bewusstsein für die Bedürfnisse und Chancen unseres Unternehmens zu entwickelten. Und dieses Bewusstsein wiederum half uns, diese Chancen auch zu nutzen.

Wie wir unser starres Projektmanagement aufbrachen

Ein anderer Bereich, in dem wir nach Überzeugung aller unbedingt schneller, agiler und pünktlicher werden mussten, war die Produktentwicklung. Es ging dabei zunächst um Disziplin. Wir waren mit vielen Projekten im Verzug, obwohl unser Team durchaus in der Lage war, pünktlich zu liefern. Allerdings vor allem dann, wenn es um konkrete Aufträge für Kunden ging und diese entsprechend Druck machten.

Bei internen Projekten, also bei der Entwicklung einer neuen Version unserer Software zum Beispiel, sagten sich die Entwickler dagegen oft sinngemäß: „Das ist zwar alles schon ziemlich gut, aber wenn wir jetzt dieses Feature noch einbauen oder jenes, dann ist es perfekt. Und wenn wir dadurch zwei Monate länger brauchen, dann ist es halt so." Der Perfektionismus hatte in diesem Fall katastrophale Folgen. Denn für Marketing und Vertrieb, also für diejenigen, die im Anschluss mit dem Entwickelten arbeiten müssen, ist es extrem schwierig, wenn Termine nicht eingehalten werden, wenn sie nicht wissen, wann genau das neue Produkt verfügbar ist. Unsere Prozesse waren streng sequenziell organisiert, was bedeutet, dass Abteilung B erst mit der Arbeit anfing, wenn Abteilung A mit ihrem Teil fertig war. Eine innovationsgetriebene Technologiefirma kann so nicht erfolgreich sein.

Deshalb mussten wir nicht nur die Disziplin verbessern, sondern den ganzen Prozess umkrempeln. Wer Internet-Technologie auf einem sich rasant verändernden Markt verkaufen will, hat mit klassischen Planungsverfahren keine Chance. Niemand kann zum Start eines mehrmonatigen Projekts genau vorausberechnen, wie sich alle Faktoren, die man berücksichtigen muss, im Laufe von Monaten entwickeln werden. Deshalb gleicht der Versuch, vorher exakt zu berechnen, wie viele Ressourcen für Arbeitsschritt A oder B nötig sind, einem Schuss in den Himmel. Wenn man dazu noch streng sequenziell vorgeht – also unbedingt abwarten muss, bis Arbeitsschritt A erledigt ist, bevor man mit B auch nur anfangen kann –, sind lange Verzögerungen unvermeidlich.

Software sollte man stattdessen agil entwickeln. Ein Ansatz dazu heißt Scrum[17], zu Deutsch „Gedränge". Der Begriff bezeichnet ein Entwicklungsverfahren, bei dem mehrere unterschiedliche Teams

---

17. Scrum steht ursprünglich für den Start eines neuen Spielzugs bzw. des Gesamtspiels im Rugby. Der Begriff wurde zuerst für das Konzept einer agilen Softwareentwicklung übernommen, mittlerweile wird Scrum aber auch in anderen Disziplinen eingesetzt. Siehe auch http://de.wikipedia.org/wiki/Scrum.

parallel zueinander und gleichzeitig am selben Produkt arbeiten können. Eines der Vorbilder dieses Konzepts ist das „Toyota Production System (TPS)" des gleichnamigen japanischen Autoherstellers.

Scrum und Selbstorganisation passen perfekt zusammen

Die Grundannahme hinter dem Konzept ist, dass moderne Softwareentwicklung zu komplex ist, um von vorne bis hinten planbar zu sein. Scrum reduziert diese Komplexität erstens dadurch, dass es immer wieder Feedback-Schleifen gibt, die alle Beteiligten auf den gleichen Stand bringen.

Zweitens – und so gingen wir auch bei CoreMedia vor – sollten die angestrebten Funktionalitäten eines Programms ständig überprüft und die Frage gestellt werden: „Brauchen wir dieses oder jenes Feature – Stand heute – wirklich noch?" Drittens legten wir nicht schon zu Beginn für immer sämtliche Anforderungen an das Produkt fest, sondern bewerteten sie mit jeder Teillieferung neu und passten sie wenn nötig an.

Ein solch agiles Vorgehen hat gar nicht den Anspruch, alle Eventualitäten im Vorhinein zu planen, sondern es geht von ständigen Anpassungen in einem Softwareentwicklungsvorhaben aus, ja fordert diese Anpassungen geradezu ein.[18]

Agil zu entwickeln bedeutet außerdem, die Menschen in den Mittelpunkt zu stellen. Und zwar erstens die Kunden, die ein optimales Produkt bekommen sollen, und zweitens das Entwicklungsteam, für das ein Schirm aufgespannt wird, unter dem selbstbestimmtes Arbeiten ohne Überforderung möglich ist.

Scrum passte bei CoreMedia hervorragend zu unserer Vorstellung von Selbstorganisation, deshalb entschieden wir uns, dieses

18. Beck, K. und C. Andres: *Extreme Programming explained. Embrace Change.* Verlag Addison-Wesley Longman, Amsterdam 2004.

Instrument oder zumindest Elemente daraus bei allen Entwicklungs-
projekten zu nutzen.

Wir sparten auch Geld und Arbeitszeit, weil die zuvor übliche ex-
tensive Planung jedes einzelnen Schrittes sehr aufwendig war, ohne
gleichzeitig echte Vorzüge zu haben.

Die Kernidee von Scrum ist ein empirisches Vorgehen, das heißt,
man vereinbart Ziele und betrachtet anschließend den Erreichungs-
grad, die Umsetzungsgeschwindigkeit und die Qualität der Zusammenarbeit. Diese Bewertungen führen zu einer Anpassung der Ziele
und des weiteren Vorgehens. Jeder Zyklus bis zur nächsten Nachjus-
tierung, der sogenannte Sprint, hat üblicherweise eine Länge von
etwa zwei bis vier Wochen. Und das bedeutet, dass jedes Projekt alle
zwei bis vier Wochen internes und externes Feedback bekommt.

Rückblickend hätte ich mir nicht nur bei der Produktentwicklung,
sondern in allen Unternehmensbereichen ein solch agiles Vorgehen
gewünscht. Agile Methoden zu nutzen kann, wie ich inzwischen
anhand vieler praktischer Beispiele selbst erlebt habe, nicht nur in
der Entwicklung sinnvoll sein, sondern auch in der Buchhaltung,
dem Personalwesen, der Produktion oder im Marketing.

Doch gerade für die Entwicklung des gesamten Unternehmens,
etwa in den Bereichen der Strategieentwicklung oder der Business-
planung, haben agile Vorgehensweisen Stärken, die bislang nur
wenige Unternehmen außerhalb des Silicon Valley nutzen.

Gerade in der dynamischen Softwarebranche beispielsweise ist
es kaum möglich, Umsätze und Ressourcenbedarf verlässlich über
mehrere Jahre vorauszusehen. Internetunternehmen im Silicon
Valley planen deshalb anders. Dort steht am Anfang vieler Projekte
nicht die Frage, welche Eigenschaften eine bestimmte Software, die
in drei Jahren fertig sein könnte, im Detail haben muss. Stattdessen
fragt sich das Management, wie viel die Beteiligten im schlimmsten
Fall zu verlieren bereit sind und welche Ressourcen zur Verfügung
stehen. Auf Basis dieser Rahmenbedingungen versucht man dann,

in kurzen Feedback-Zyklen Schritt für Schritt möglichst viel zu errei-chen. Der Fachbegriff dafür lautet Effectuation (mehr dazu in Kapitel 2) – ein Prinzip, das dem von Scrum sehr ähnlich ist, nur dass es bei Effectuation um Entscheidungen geht, die das gesamte Unterneh-men und dessen Steuerung betreffen, während es sich bei Scrum eher um eine Projektmanagement-Methode handelt.

Wie Disziplin, Führung und innerbetriebliche Demokratie zusammenpassen

Führung ist bei der Nutzung neuer Formen von Organisation und Zusammenarbeit enorm wichtig, und der Wandel funktioniert nur mit sehr viel Disziplin und Zuverlässigkeit. Nur Manager, die selbst beispielhaft vorangehen, können von den Mitarbeitern erwarten, dass sie mitziehen. Selbstorganisation ohne Disziplin führt unwei-gerlich ins Chaos, und zwar nicht in ein kreatives, sondern in ein chaotisches Chaos.

Das beginnt schon bei einer so einfachen Sache wie Pünktlich-keit. Als ich zu CoreMedia kam, war ich zuerst immer der Blöde, der pünktlich im Meetingraum saß, und dann dauerte es 10 oder 15 Mi-nuten, bis die nächsten eintrudelten. Dieses Verhalten behinderte zwar alle in ihrer Arbeit, aber die Organisation hatte sich irgendwie daran gewöhnt. Um das zu ändern, definierten wir klare Regeln für Anfang, Verlauf und Ende jedes Meetings, und das Mehr an Disziplin, das wir dadurch gewannen, wirkte sich auch auf andere Abläufe bei CoreMedia positiv aus.

Pünktlich beginnende Meetings waren aber nur ein Aspekt jener klar definierten Regeln und Abläufe, die wir bei CoreMedia etablier-ten. Auch bei der Besetzung von Leitungspositionen gingen wir neue Wege: Jährlich wurden bei CoreMedia die Führungskräfte gewählt und anschließend vom Vorstand bestätigt.

Im ersten Jahr, in dem wir so vorgingen, war an dieser Wahl nicht die gesamte Belegschaft beteiligt, sondern nur jene 30 Kandidaten, die aufgrund von Talent und Interesse nach einhelliger Meinung für einen der zehn Führungsjobs infrage kamen. Die aktuelle Führungsmannschaft war Teil dieser 30er-Gruppe. Der Entscheidungsprozess lief dann wie folgt ab:

1. Wir legten die Struktur der Geschäftsleitung fest.
2. Dann definierten wir die wichtigsten Eigenschaften des idealen CoreMedia-Managers, Projektmanagement-Kompetenz zum Beispiel, soziale Intelligenz oder Ähnliches.
3. Jeder Kandidat bewertete die Eignungsprofile aller anderen Kandidaten. So bekamen wir einen guten Überblick über die Stärken und Schwächen.
4. In Gruppenarbeit entstanden Szenarien für die ideale Zusammensetzung der Führungscrew. Am Ende ergaben sich etwa 15 Varianten, die wir gemeinsam diskutierten.
5. Alle potenziellen Kandidaten erarbeiteten für die zukünftige Geschäftsleitung in einem offenen Diskurs auf Grundlage der beschriebenen Varianten einen Vorschlag für die Besetzung des Führungsteams. Dabei blieb eine Position unbesetzt, weil aus Sicht der Runde kein geeigneter Kandidat zur Verfügung stand.
6. Der Vorstand nahm diesen Besetzungsvorschlag schließlich an.

Durch dieses Verfahren, darin lag seine eigentliche Stärke, bekamen wir eine Leitungscrew, die auch von den nicht ins Gremium gewählten Kandidaten akzeptiert wurde. Schließlich war ja auch für sie das Verfahren völlig transparent, ja sie hatten sich selbst an der Auswahl beteiligt.

Im zweiten Jahr, in dem wir das beschriebene Verfahren einsetzten, nahmen an der Wahl der Geschäftsleitung dann sogar sämtliche Mitarbeiter teil.

In meiner Beratungserfahrung habe ich allerdings noch kein Unternehmen kennengelernt, dem ich dieses Verfahren haargenau so empfehlen würde. Ein Jahr ist für jede Geschäftsführung zum Beispiel eine zu kurze Zeit, um erst zusammenzuwachsen und anschließend gemeinsam etwas bewegen zu können. Ein längerer Zeitraum, etwa ein mehrjährigen Zyklus, ist hier sinnvoller, denn viele Wechsel bringen immer auch viel Unruhe ins System.

Warum wir fachliche Führung und Personalentwicklung voneinander trennten

Eine der größten Schwächen hierarchischer Organisationen ist die Verschwendung des Potenzials von Mitarbeitern. Dabei ist dieses Potenzial gerade für innovative Unternehmen das wichtigste Kapital. Personalentwicklung wird oft deshalb vernachlässigt, weil Führungskräfte mit dieser Aufgabe überfordert sind. Weil es ein Abteilungsleiter gar nicht schaffen kann, sein Tagesgeschäft zu erledigen, also etwa den Vertrieb oder das Marketing zu steuern, und zusätzlich, quasi nebenbei, die Weiterentwicklung der Talente in seinem Team im Blick zu behalten.

Deshalb hatten wir uns dafür entschieden, fachliche Führung und Personalentwicklung voneinander zu trennen. Wir installierten das CoreMedia Competence Center. Seine Aufgabe war es, die Mitarbeiter professionell bei ihrer selbstgesteuerten Weiterentwicklung zu unterstützen, Wege dafür zu ebnen und Rahmenbedingungen zu definieren. Diese Aufspaltung der Verantwortlichkeiten erleichterte mir die Arbeit enorm, weil ich mich dadurch voll und ganz auf die Kernaufgaben meines Bereichs und meine Führungsaufgaben konzentrieren konnte.

Was ich gelernt habe

Vernetztes Denken in der Unternehmensführung konsequent zu nutzen und dabei auf Selbstorganisation zu setzen ist insofern eine große Herausforderung, als so gut wie niemand aus der heutigen Entscheidergeneration Management by Internet von Natur aus im Blut hat.

Ein wichtiges Element von Management by Internet ist das Prinzip Führen und Folgen, also ein gezielter temporärer Rollentausch. Praktisch kann das bedeuten, während eines Meetings die Führung zeitweise an denjenigen Mitarbeiter abzugeben, der über das anstehende Thema am meisten weiß. Die anderen, auch die Führungskräfte, folgen dem Kompetenzträger in diesem Moment.

Dazu braucht es die Bereitschaft, sich auch einmal unterzuordnen, loszulassen. Und es braucht Vertrauen in die Kompetenz auch solcher Mitarbeiter, die keinen Titel auf der Visitenkarte haben, der mit Head oder President anfängt.

Wir haben in den sechs Jahren, in denen ich bei CoreMedia Verantwortung trug, viel erreicht, auf der anderen Seite aber auch eine ganze Reihe von Fehlern gemacht. Wir haben vieles ausprobiert und ein Stück weit wirklich eine Revolution gestartet. Wir hatten die Art und Weise, wie wir Innovationen entwickelten, Projekte steuerten, zusammenarbeiteten und uns weiterentwickelten, entscheidend verändert und waren damit erfolgreich. Unser grundlegendes Motto lautete: „Mehr Demokratie im Unternehmen wagen!"

Ich halte diesen Ansatz nach wie vor für richtig und für Erfolg versprechend. Aber seine Umsetzung braucht Zeit und diesen Faktor hatten wir unterschätzt. Wir hatten unterschätzt, dass es eine Weile dauert, bis Mitarbeiter die ihnen gewährten Freiheiten auch nutzen wollen und können. Ein Beispiel: Wenn Mitarbeiter zu mir kamen, um eine Entscheidung zu bekommen, wollten sie irgendwann meine Standard-Gegenfrage „Wie würdest du denn entscheiden?" nicht mehr hören.

Problematisch war zudem, trotz aller Ansätze zur Veränderung die eigene Organisationsstruktur dogmatisch festzuschreiben. Wir hielten an den Abteilungen fest, obwohl es besser gewesen wäre, projektbezogene, variable Teams zu bilden. Und weil wir uns auf immer mehr Geschäftsfeldern bewegten, gab es immer mehr Abteilungen. Jede von ihnen war mit einer Doppelspitze besetzt, also je einer Führungskraft für die Technik und einer für die Betriebswirtschaft. Die Anzahl der Häuptlinge wurde also immer größer und damit auch der Organisationsaufwand, parallel dazu nahm die Handlungsfähigkeit der Geschäftsleitung ab.

Das lag auch an den vielen Wechseln, die Abteilungsleiter wurden ja wie beschrieben in regelmäßigen Abständen von den Mitarbeitern neu gewählt. Breite Beteiligung hat eben zwei Seiten: Sie fördert die Identifikation mit dem Unternehmen und seinem Führungspersonal, schränkt aber zugleich dessen Spielräume ein.

Eine weitere wichtige Erkenntnis ist, dass die vielen demokratischen Rituale, das Einüben von Feedback-Schleifen und anderen neuen Verhaltensweisen, in unserer Konstellation zu viel Zeit und Energie kosteten. Was auch daran lag, dass wir beim Umsteuern zum Teil allzu dogmatisch vorgingen. Viele Themen wurden nicht nur bis zum Ende, sondern weit darüber hinaus diskutiert, anstatt an einer Stelle im übertragenen Sinn auch einmal zu sagen: „So, jetzt machen wir eine Schnur dran und dann ist es fertig."

Und noch ein anderer Teil des Systems von CoreMedia ist aus meiner heutigen Sicht kritikwürdig. In einem Unternehmen, das sich Selbstorganisation auf die Fahnen geschrieben hat und das von seinen Mitarbeitern ein hohes Maß an Selbstverantwortung verlangt, sollte Leistung in angemessener Form honoriert werden. Natürlich ist es schwierig, die Leistung eines Menschen, der fast ständig im Team arbeitet, isoliert zu betrachten. Trotzdem halte ich ein Gratifikationssystem für sinnvoll, das auch großen persönlichen Einsatz eines Einzelnen belohnen kann. Eine Möglichkeit dazu ist die Beteiligung der Mitarbeiter am Unternehmen. Damit wird nicht nur Leistung honoriert, sondern auch Motivation und Identifikation für die Zukunft geschaffen.

Bei aller kritischen Bewertung darf allerdings auch der Hinweis nicht fehlen, dass niemand, wirklich kein Einziger der Beteiligten, Erfahrung hatte mit einem so komplexen Systemwechsel. Gemessen daran haben wir es sehr gut gemacht.

Eine Bilanz der CoreMedia-Zeit

Management by Internet ist kein Selbstzweck, sondern hat das Ziel, Unternehmen wie ein Katalysator innovativer und erfolgreicher zu machen. Damit das gelingt, braucht es ein Zusammenspiel von gelungener Kommunikation und Selbstorganisation sowie eine Führung, die das „Anziehen der Zügel" im richtigen Moment ebenso beherrscht wie die Kunst loszulassen.

Bei CoreMedia führten die beschriebenen Maßnahmen zum Erfolg. Umsatz und Gewinn stiegen deutlich, die Innovationskraft war erheblich gewachsen. Der für die Firmenbewertung so wichtige Lizenzumsatz erhöhte sich im Geschäftsjahr 2007/2008 auf 8,637 Millionen Euro. Das waren 329 Prozent mehr als vor Beginn der beschriebenen Umstrukturierung.

In einem Ranking verschiedener Web-Content-Management-Firmen der Technologie-Analystenfirma Gartner wurde CoreMedia erstmals als „Visionär" eingestuft und sowohl die „Vollständigkeit der Vision" als auch die „Umsetzungskraft" des Unternehmens herausgestellt.

Ein weiterer Indikator für den Erfolg unserer Strategie waren die Initiativbewerbungen. Je stärker sich unsere Vorstellung einer neuen Unternehmenskultur etabliert und verbreitet hatte, desto mehr und spannendere Bewerbungen bekamen wir. Offensichtlich übte unsere Vision eine hohe Anziehungskraft auf Talente aus.

Innerhalb von nur vier Jahren war zudem die Berichterstattung über CoreMedia durch Topmedien und Analysten um 600 beziehungsweise 750 Prozent gestiegen.

Durch die wachsende Bekanntheit kamen wir auch viel leichter in Kontakt zu potenziellen neuen Kunden, ohne dafür viel Geld in

Marketing stecken zu müssen. Im Gegenteil: Im Geschäftsjahr 2006/
2007 konnten wir das Werbebudget um 50 Prozent senken und das
gesparte Geld in die Produktentwicklung stecken.[19]

Als größten Erfolg des Kulturwandels – vor allen anderen Errun-
genschaften – betrachte ich persönlich allerdings die Tatsache, dass
es uns mit seiner Hilfe gelang, einen halsbrecherischen Turnaround
hinzubekommen. Infolge eines von CoreMedia nicht verschuldeten
Patentkonflikts brach nämlich ungefähr zur Mitte des Change-Prozesses von einem Tag auf den anderen der Umsatz unseres wichtigsten Produkts um 80 Prozent ein, der Umsatz des gesamten Unternehmens um 50 Prozent.

Durch schnelles, kollektives Krisenmanagement, Selbststeuerung
und Innovationsfähigkeit konnten wir einen zuerst unvermeidlich
erscheinenden Arbeitsplatzabbau vermeiden. Die von uns gewählte
neue Unternehmensstruktur war also krisenresistenter als die alte.

Durch personelle Veränderungen in Schlüsselpositionen der Unternehmensleitung hat CoreMedia nach meinem Weggang im Jahr
2009 wieder einen eher traditionellen Kurs in der Führung einge-
schlagen. Das ändert aber nichts daran, dass das Unternehmen pro-
dukt- und kundenseitig bis heute maßgeblich von den Innovations-
impulsen aus dieser Zeit „am Rande des Chaos" profitiert.

Arbeit nicht mehr als Fron begreifen

Meine Erfahrungen bei CoreMedia waren ein Ansporn für mich, die
Managementberatungsfirma doubleYUU zu gründen. Denn sie
hatten beispielhaft gezeigt, dass Muster aus der Netzwelt wertvolle
Impulse für die Weiterentwicklung eines Unternehmens und der
Menschen geben können. Aufgrund dieser Erfahrungen begann ich,

---

19. Die Zahlen zur Entwicklung bei CoreMedia stammen aus der gemeinsamen Bewerbung von
Scholz & Friends und CoreMedia um den GWA Effie, eine Auszeichnung für besonders effiziente
und erfolgreiche Markenkommunikation.

weitere Methoden zu entwickeln, mit denen sich Erfolgsmuster des Internets in die Unternehmenswelt übertragen lassen. Denn ich hatte erstens gesehen, wie viel Bedarf an Veränderungen besteht, mit denen sich das Engagement der Mitarbeiter verdoppeln lässt (daher der Name doubleYUU). Zweitens wusste ich aus meiner Zeit bei CoreMedia, wie viel Spaß und Erfolg entsteht, wenn sich ein Team durch Feedback und systematisches Lernen gemeinsam weiterentwickelt. Ich wollte und will die Ideen des Managements by Internet, von deren Sinnhaftigkeit ich fest überzeugt bin, erstens mit einer eigenen Mannschaft umsetzen und zweitens an andere weitergeben.

Diese Ideen sind sehr treffend im bereits erwähnten MIX Manifesto zusammengefasst:

1. Vertrauen stärken, Angst reduzieren
2. Das Wort Kontrolle neu definieren
3. Leidenschaft anfachen
4. Die Segnungen von Verschiedenheit nutzen
5. Und schließlich, wie es im Original heißt: „to take the work out of work", was man sinngemäß vielleicht mit „die Arbeit nicht mehr als Fron begreifen" übersetzen könnte [20]

Bitter nötig wäre es, das Umsteuern. Die zitierte Gallup-Studie belegt, welche erschreckenden Defizite vor allem das mittlere Management in Deutschland hat. Und sie zeigt, dass oft Fähigkeiten fehlen, die selbstverständlich sein sollten: den Mitarbeitern mit Wertschätzung zu begegnen, ihnen Feedback zu geben, ihnen zuzuhören.

Eine Ursache der Defizite liegt in der Art und Weise, wie üblicherweise Karrieren entstehen: Im Vertrieb wird oft der beste Verkäufer irgendwann Vertriebsleiter oder in der Entwicklungsabteilung der

---

20. Management Innovation eXchange – The MIX Manifesto: http://www.managementexchange. com/about-the-mix/manifesto

beste Ingenieur Entwicklungschef. Das Problem dabei: Wenn jemand gut verkaufen kann, dann heißt das noch lange nicht, dass er gut darin ist, ein Team von Verkäufern zu begeistern und anzuleiten.

Statt den Leuten einfach einen Teamleiter vor die Nase zu setzen, wäre es vermutlich der bessere Weg, das Team selbst den Leiter wählen zu lassen, also ein Verfahren zu nutzen, das ein wenig an das Follower-Prinzip aus sozialen Netzwerken erinnert. Dort suchen sich die Nutzer ja auch aus, wem sie folgen. Mächtig ist der, der viele überzeugt hat – mit seiner Kompetenz oder seiner Empathie zum Beispiel –, und nicht der mit dem längsten Titel. Ist ein gewählter Teamleiter überfordert, werden seine Mitarbeiter ihm helfen. Er weiß, dass seine Leute ihn unterstützen, und gewinnt dadurch sehr viel Macht. Manager, die diesen Zusammenhang nicht verstehen, haben auf Dauer ein Problem.

Die grundsätzlichen Tätigkeitsbereiche eines Managers werden auch in Zukunft unverändert bleiben. Es sind im Grunde fünf Kerntätigkeiten, die man durch den Blick in die klassische Managementliteratur definieren kann, nämlich:

- Strategien für das Unternehmen entwickeln
- Kommunikation im Unternehmen sicherstellen
- Zusammenarbeit im Unternehmen und mit Externen wie Partnern und Kunden organisieren
- Führungsinstrumente einsetzen, um steuernd einzugreifen und Mitarbeitern Orientierung zu bieten
- Innovationen fördern und die Innovationskraft des Unternehmens erhalten oder sogar stärken

Was sich aber verändert, sind die Instrumente, mit denen diese Aufgaben gelöst werden. Wer Angst hat vor Vernetzung, Offenheit, Partizipation und Agilität, der wird Probleme haben, mit diesen neuen

Mustern zurechtzukommen. Manager, die vor den Veränderungen zittern, zittern zu Recht.

Wer aber die Veränderungen annimmt, ja sie umarmt, wird auch im Zeitalter der Vernetzung Erfolg haben.

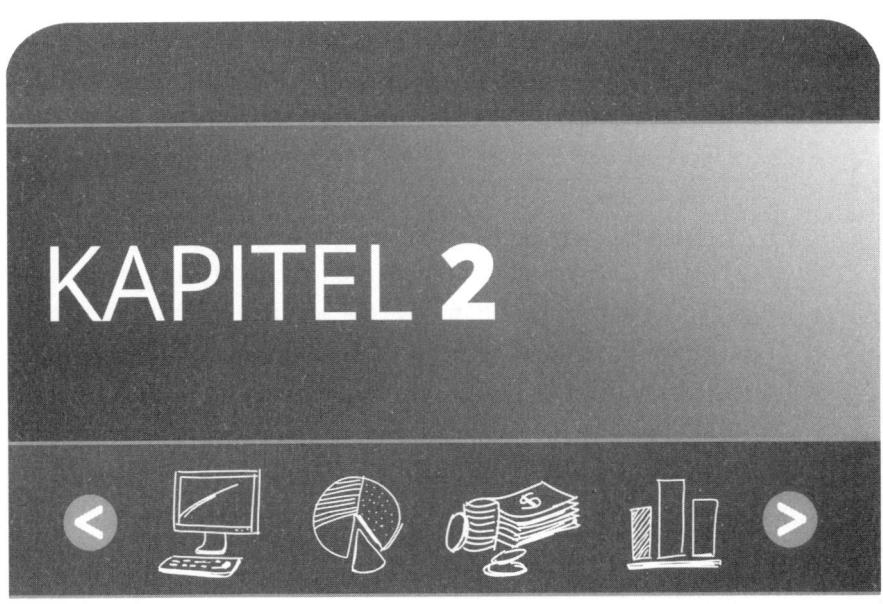

KAPITEL 2

Erfolgsgeschichten
aus der neuen Welt:
Jedes Geschäftsmodell,
das wir uns vorstellen können,
entsteht gerade irgendwo

D as Internet ist als Kommunikationswerkzeug so extrem erfolgreich, weil es auf den Prinzipien Vernetzung, Offenheit, Partizipation und Agilität basiert. In diesem Kapitel erkläre ich anhand von Beispielen, warum sich die Mühe lohnt, diese Prinzipien zu verinnerlichen und das Management by Internet zu erlernen. Dazu werde ich Personen und Unternehmen vorstellen, die sich eines oder mehrere der genannten Prinzipien für ihren Erfolg zunutze gemacht haben.

Das erste Beispiel dreht sich um Partizipation, das zweite um Vernetzung und das dritte um Offenheit – auch wenn diese Prinzipien nicht immer trennscharf auseinanderzuhalten sind. Anschließend geht es um meine Zweifel an Businessplänen und um Agilität als Alternative dazu.

Und ich liefere Belege dafür, dass Unternehmen deshalb mehr Erfolg haben als andere, weil sie ihren Mitarbeitern eine neue Rolle zuweisen: nicht die von Untergebenen, sondern von geachteten, selbstbewussten Partnern.

Am Ende des Kapitels beschäftige ich mich mit der Macht des Internets und der Angst der Banken davor beziehungsweise damit, was passieren kann, wenn eine ganze Branche die Internetprinzipien Vernetzung, Offenheit und Partizipation ignoriert. Und sich zugleich externe Konkurrenten anschicken, die erprobten Geschäftsmodelle dieser Branche mithilfe des Internets ruckartig aus den Angeln zu heben.

Amanda Palmer: „Wir wohnen nur ein paar Blocks entfernt. Komm rüber!"

Dies ist die Geschichte von Amanda Palmer, einer Musikerin, von der Manager viel lernen können. Zum Beispiel, dass sich die Machtverhältnisse zwischen Angestelltem und Chef durch das Internet drastisch verändern. Und dass demjenigen, der das zu spät begreift, die besten Leute weglaufen. Mindestens. Wenn die ehemaligen Mitarbeiter nicht gleich zu Konkurrenten werden – wie Amanda Palmer.

Doch bevor ich die Geschichte erzähle, wie Amanda Palmer die Kontrolle über ihre Musik und über ihre Karriere zurückgewonnen hat, darf jene bemerkenswerte Episode vom April 2010 nicht fehlen, die ihr vor Augen führte, dass mit ihrer Tätigkeit als Indie-Rockstar businessmäßig etwas falsch lief.

Amanda Palmer liebte schon damals Twitter und war viel in diesem sozialen Netzwerk unterwegs. So auch an jenem Freitagabend. Es war nicht viel los ansonsten. Amanda bereitete sich auf eine kleine Reise vor, packte ihren Koffer, spülte Geschirr. Und twitterte zwischendurch: „Ich wende mich an alle Freitagabend-Loser: Wo seid ihr? Meldet euch!" Nach einiger Zeit kamen ein paar Hundert Fans zusammen. Man tratschte virtuell, riss Witze. Am Ende hatte der „virtuelle Mob", nur über Twitter kommunizierend, das T-Shirt-Motto „Sei ein Freitagabend-Loser mit mir" entworfen. Amanda Palmers Webdesigner bastelte auf die Schnelle eine Webseite inklusive T-Shirt-Online-Shop. Zwei Stunden hatte die ganze Sache bis dahin gedauert. Im weiteren Verlauf des Abends verkauften sich 200 Shirts zu je 25 Dollar. Als Amanda am kommenden Tag in ihrem Blog über die Aktion schrieb, gingen noch mal über 200 T-Shirts über die virtuelle Ladentheke. Sie resümiert: „Verdienst auf Twitter in zwei Stunden: 11.000 Dollar. Verdienst mit meinem aufwendig von Ben Folds und einer großen Plattenfirma produzierten Soloalbum: null Dollar."

Mit alten Socken zum Millionär

Einige Tage später lud sie ihre Follower wieder ein. Sie versteigerte via Twitter Dinge, die eigentlich Müll waren, alte Socken zum Beispiel, Briefe und weitere Merkwürdigkeiten, außerdem gab sie ein geheimes, nur über Twitter angekündigtes Konzert. Insgesamt kamen diesmal 8.000 Dollar zusammen.

Amanda Palmers zweites Fazit: „Gesamtverdienst durch Twittern in diesem Monat: exakt 19.000 Dollar. Gesamtverdienst durch 30.000 verkaufte Platten im selben Monat: exakt NICHTS!"

Irgendwas lief falsch. Im Internet ließ sich in wenigen Stunden unkompliziert Geld verdienen, allein durch den Verkauf von T-Shirts und anderen Dingen an ein paar Hundert Fans. Ein Album dagegen, das aufwendig produziert und zigtausend Mal verkauft worden war, bezeichnete Amanda Palmers Plattenfirma einmal als Misserfolg. Hätte sie es selbst produziert und via Internet 25.000 Mal zu je zehn Dollar verkauft, wäre das dagegen ein sehr schöner Erfolg gewesen. Vielleicht nicht für die Plattenfirma, aber für die Künstlerin auf jeden Fall.

Als dann ein Streit mit der Plattenfirma das Fass zum Überlaufen brachte, fiel es ihr leicht, ihren ehemaligen Partnern aus der Unterhaltungsindustrie den Rücken zu kehren: Sie wollte ein Video produzieren, in dem sie teilweise nackt zu sehen sein würde. Ihr Label sperrte sich gegen die Idee mit dem Hinweis, Amandas Figur eigne sich dafür nicht wirklich.

Dieser dumme Fehler der Plattenbosse war ein Anlass mehr für Amanda Palmer, ihr Business in Zukunft selbst in die Hand zu nehmen. Über noch einen weiteren anderen berichtete sie einmal auf einer Veranstaltung. Nach einem Konzert war ein Junge mit einer Zehn-Dollar-Note in der Hand zu ihr gekommen. Er sagte: „Ich habe deine CD von einem Freund geliehen und sie mir gebrannt. Aber dann las ich in deinem Blog, dass du unabhängig bist und nicht mit den großen Labels arbeitest." Er gab ihr die zehn Dollar. Und dieses Ereignis wiederholte sich in dieser oder ähnlicher Form mehrfach. Wenn die Fans also von sich aus bereit waren, sie zu unterstützen, warum sollte sie dann nicht in Zukunft ihre Musik umsonst abgeben und gleichzeitig für die Produktion, für Werbung und die Kosten der Tournee um Hilfe bitten, quasi virtuell mit dem Hut rumgehen.

„Das ist die Zukunft der Musik"
Gesagt, getan. Als 2012 die Songs für ein neues Album fertig waren, wandte sich Amanda Palmer erneut an die Öffentlichkeit – natürlich

wieder via Twitter. Sie brauche 100.000 Dollar für die neue CD. Außerdem produzierte sie ein sehr unterhaltsames Video mit dieser Botschaft und dem Claim „Das ist die Zukunft der Musik" und präsentierte das Projekt auf Kickstarter.com, der Seite eines Unternehmens, das Menschen hilft, ihre Projekte durch die vernetzte Öffentlichkeit finanziert zu bekommen. Der Deal: Alle, die ihr vorher Geld geben, bekommen hinterher eine CD, viele zusätzlich Konzerttickets. Sich und ihren Fans gab sie drei Wochen Zeit, um die 100.000 zusammenzubringen, und sie war ganz und gar nicht sicher, dass das Ganze funktionieren würde, verriet sie mir.

Aber es funktionierte – und wie. Der Erfolg war absolut überwältigend und brachte ihr die Auszeichnung beim LIDA Award ein. Statt 100.000 sammelte Amanda 1,2 Millionen Dollar ein, und das nicht etwa in drei Wochen, sondern in nur wenigen Tagen.

Wirklich bemerkenswert an der Geschichte ist, dass Amanda Palmer genau dadurch mehr Kontrolle über ihr Werk erhielt, dass sie losließ und ihrem Netzwerk vertraute. Es ist kein Zufall, dass dieses Prinzip oft zum Erfolg führt, sondern es ist eine vielfach belegte Erfahrung, dass die Arbeit in und mit Netzwerken inzwischen oft Erfolg versprechender ist als die Arbeit in traditionellen Organisationsformen.[21]

Wie sehr Amanda Palmer in Netzwerken lebt, habe ich selbst hautnah erlebt: Sie gewann 2013 den LIDA in der Kategorie Entertainment. Ein paar Tage vorher hatten wir uns zu einem Videotelefonat verabredet. Kleines Problem an der Sache: Sie war wegen eines Konzerts in Los Angeles und wohnte bei Verwandten, die keine schnelle Internetverbindung hatten. Wie also sollten wir mithilfe der Kameras und Mikrofone unserer Laptops ein Gespräch führen, wenn sie kein Netz hatte? Amanda löste das Problem, indem sie ihre

---

21. Buhse, Willms und Sören Stamer (Hrsg.): *Enterprise 2.0: Die Kunst, loszulassen.* Rhombos-Verlag, Berlin 2010.

Fans über das Netz um Hilfe bat – und sie brauchte nur ein paar Minuten, um diese Hürde ebenso charmant wie intelligent aus dem Weg zu räumen. Mit ihrem Smartphone wandte sie sich an alle, die über das soziale Netzwerk Twitter mit ihr in Verbindung stehen. Der Text an ihre Twitter-Follower: „Hello Los Angeles, I need a strong internet connection and a quiet room, please help!" Und dazu ihr genauer Standort. Kurz danach schrieben zwei ihrer Fans zurück: „Wir wohnen nur ein paar Blocks entfernt. Komm rüber!"

So geht Amanda Palmer an Probleme heran: Sie nutzt ein Vernetzungswerkzeug wie Twitter und kommuniziert offen, was das Problem ist. Und sie hat sich dadurch, dass der ständige Dialog mit den Fans und die Partizipation von Unterstützern jeglicher Art an ihren künstlerischen Prozessen schon lange Teil ihres Arbeitsprinzips ist, ein Netzwerk geschaffen, das bereit ist, sie zu unterstützen.

Und so sah ich sie also wenig später auf meinem Bildschirm vor ihrem Laptop sitzen – in dem auch ihr bisher unbekannten Wohnzimmer von zwei Menschen, die sie zuvor noch nie gesehen hatte.

Interview mit Amanda Palmer, Musikerin und Unternehmerin

„Die beste Erfolgsstrategie ist es, nie über Geld nachzudenken."

Willms Buhse: Im Frühjahr 2013 warst du Gewinnerin des LIDA, des Leader in the Digital Age Award, in der Kategorie „Entertainment". Wie fühlt es sich an, als Künstlerin einen Managementpreis zu erhalten?

Amanda Palmer: Es fühlt sich durchaus angemessen an, weil ich in den vergangenen 13 Jahren sehr viel Zeit damit verbracht habe, meine eigene Karriere zu managen. Ich freue mich darüber, dass auch dieser wichtige Teil meiner Arbeit gewürdigt wird. Natürlich will ich am Ende als Künstlerin und nicht als Managerin wahrgenommen werden. Aber das Selbstmanagement war eindeutig einer der Gründe, warum ich mit meiner Musik zuletzt so viel Erfolg hatte. Der beste Manager für die meisten Künstler ist er selbst, weil er seine Musik, seine Ideen und seine Fans am besten kennt. Aber dieser Teil des Jobs fällt vielen sehr schwer.

Warum?
Weil sie es nervig finden, sich von morgens bis abends Gedanken über die eigene Karriere zu machen oder stundenlang am Computer diesen Managementkram zu regeln. Musiker wollen Platten machen und auf Tour gehen. Gleichzeitig müssen sie aber die Kontrolle behalten über ihre Arbeit, ihre Karriere. Und sie dürfen den Kontakt zu den Fans nicht verlieren. Mit der Frage, wie sie ihre Karriere optimal managen können und trotzdem noch Zeit für ihre Kunst haben, beschäftigen sich aktuell viele Künstler, die ich kenne.

Wenn du den Job nicht selbst machen wolltest:
Wie sähe dein idealer Manager aus?
Das Verhältnis zwischen Manager und Künstler ist zwangsläufig sehr eng, fast wie eine Ehe: Du verbindest dein Leben mit ihm, deine Zeit, dein Geld. Ein guter Manager ist für mich jemand, der wirklich versucht zu verstehen, warum ich die Dinge mache, die ich mache, und wie. Der mich auch bei verrückten Ideen unterstützt. Manche dieser Ideen sind erfolgreich, mit anderen verlieren wir vielleicht Geld, aber er muss das

*Vertrauen haben, dass sich die Dinge auf lange Sicht positiv
entwickeln. Ich brauche niemanden, der sich den ganzen Tag
fragt: Warum tut sie jetzt dieses und warum jenes? Er würde
verrückt werden dabei und mir auch nicht wirklich helfen.
Wer mit mir arbeiten will, muss begreifen, dass hinter aller
Verrücktheit auch Sinn und Methode steckt.*

*Ich kann mich auch nicht bei jeder einzelnen Idee fragen,
wie viel sie einbringt. Die beste Erfolgsstrategie ist es meiner
Meinung nach, nie über Geld nachzudenken, sondern
einfach zu erwarten, dass es am Ende schon fließen wird.
Ich bin jedenfalls am besten damit gefahren, zu tun, was ich
tun will, meinen Ideen zu folgen und Spaß zu haben.*

*Wenn ich allein wegen des Geldes in diesem Job wäre, dann
hätte ich in den zurückliegenden 13 Jahren viele Entscheidungen
anders getroffen.*

**Auf der legendären TED-Konferenz im Kalifornischen
Monterrey, einer Art Ideenbörse der Technologie- und
Unterhaltungsbranche, hast du im Februar 2013 einen
Vortrag gehalten über „the art of asking", übersetzt etwa:
Die Kunst des Bittens. Darin erklärst du, warum Menschen
– in diesem Fall deine Fans – bereit sind, so viel zu geben,
zu schenken, wenn man sie nur in der richtigen Weise
darum bittet. Die Rede hatte eine große Wirkung, mehr als
zwei Millionen Menschen haben den Clip dazu bis heute
auf YouTube angesehen. Hättest du damit gerechnet? Was
war aus deiner Sicht der Grund für die große Resonanz?**
*Eigentlich war die Botschaft für die Musikbranche gedacht.
Über die Resonanz darüber hinaus war ich ehrlich überrascht,
aber auch glücklich. Denn es geht in dieser Geschichte ja darum,
wie wir leben wollen. Es geht um Vertrauen, einen Begriff,
der mir sehr wichtig ist. Ich glaube, dass heutzutage leider*

*viele Menschen Angst voreinander haben. Und ich denke,
dass das falsch und diese Angst auch unbegründet ist.
Wir sollten viel mehr Vertrauen zueinander haben.*

**Was verstehst du in diesem Zusammenhang unter
dieser Kunst des Bittens?**
*Früher habe ich für eine Weile Street-Performances gemacht
und dafür Spenden bekommen. Das Geschäftsmodell einer
Musikerin, die via Internet Dinge umsonst anbietet und die Fans
zugleich bittet, ihre Leistungen zu honorieren, ist ja irgendwie
ähnlich. Dieses Prinzip funktioniert, und das fand ich immer
ungeheuer beruhigend. So zum Beispiel 2003, als meine Band
und ich den Vertrag mit einer Plattenfirma unterzeichneten
und ich plötzlich Angst hatte, dass es schiefgeht und ich
die Kontrolle verliere. Etwa zur selben Zeit gab ich ein Konzert in
Boston zusammen mit einer anderen Künstlerin. Sie verkaufte
im Anschluss an den Gig CDs, die sie selbst gebrannt und
beschriftet hatte – und zwar ziemlich viele. Ich dachte: Okay,
wenn das mit dem neuen Label ein Reinfall wird, dann brennen
wir auch wieder selbst in meiner Küche und verkaufen die CDs
direkt, so wie wir es vor dem Vertrag schon gemacht haben.
Daran kann uns niemand hindern.*

Werden große Plattenlabels überhaupt noch gebraucht?
*Wenn sie gut arbeiten, schon. Ich habe nicht grundsätzlich
etwas gegen Plattenfirmen. Im besten Fall handelt es sich dabei
um Gruppen von Menschen, die Künstlern dabei helfen, ihren
Job zu machen. Mit diesem Selbstverständnis haben sie eine
Existenzberechtigung. Leider gibt es aber nicht viele, die so
funktionieren, im Gegenteil: Selbst wenn du clever bist und gut
informiert, triffst du in diesem Business ziemlich oft auf Leute,
die dich über den Tisch ziehen wollen. Ich glaube, dass ich*

ganz gut durchblicke durch die Branche, und selbst mir kann es noch passieren, dass ich übers Ohr gehauen werde. Wie soll es da erst Menschen gehen, die ganz neu sind und keine Ahnung haben? Eine der wichtigsten Herausforderungen der kommenden Jahre in unserer Branche wird sich deshalb um die Frage drehen, wie wir junge Künstler in ihrer Karriere unterstützen können. Welche Instrumente müssen wir ihnen im digitalen Zeitalter an die Hand geben, damit sie die Kontrolle über ihre Arbeit und ihr ganzes Leben behalten?

Die Geschichte, wie diese Übertragung aus dem Wohnzimmer von zwei Fans zustande kam, verdeutlicht den Wert und den Nutzen des Teilens, des Abgebens. Die Fans haben ihren Netzzugang mit Amanda Palmer geteilt, haben sie kennengelernt, etwas erlebt, gemeinsam Spaß gehabt. Das ist ein Aspekt des permanenten Austauschs und des Teilens von Ressourcen, der durch das Internet normal geworden ist. Profis nennen diese Modelle Arbitragemodelle. Aber Amanda Palmer ist nicht nur eine spannende Musikerin, die engen Kontakt mit ihren Fans hält, sondern auch eine schlaue Unternehmerin.

Und was bedeutet das Ganze für Manager? Ganz einfach: Wenn ich – wie die Verantwortlichen von Amandas ehemaliger Plattenfirma – den Besten in meinem Unternehmen nicht genug biete, arbeiten sie nicht mehr für mich. Sie suchen Wege, ihre Arbeit ohne mich zu machen – und sie finden diese zunehmend dank des Internets. Und das gilt nicht nur für die Unterhaltungsindustrie, dieselbe Gefahr sehe ich für so gut wie alle Branchen. Wer unterschätzt, welche Dynamik Selbstorganisation und Vernetzung entfalten können, riskiert viel – im Extremfall sogar seine Karriere oder sein Unternehmen.

Durch das Internet und seine Möglichkeiten haben sich sowohl die gewohnte Arbeitsteilung als auch die Machtverhältnisse verändert. In der Prä-Internetzeit schufen Künstler Werke, Finanzierung und Vermarktung übernahm die Unterhaltungsindustrie. Das bedeutete aber auch, dass die Künstler vollständig von den Labels abhängig waren. Das sind sie heute nicht mehr, weil sie den direkten Draht zu Fans und damit zu potenziellen Kunden und Finanziers haben.

Wie radikal der durch das Internet ausgelöste Wandel die Musikbranche veränderte, erlebte ich wie bereits erwähnt während meiner Zeit für Bertelsmann in New York um die Jahrtausendwende hautnah – besonders während meiner Arbeit für Napster. Und schon 2002 habe ich in meiner Dissertation zu digitalen Geschäftsmodellen für die Musikindustrie festgehalten, dass „unter Umgehung der gesamten Wertschöpfungskette eine direkte Interaktion zwischen Künstlern und Konsumenten" entsteht, die die Spielregeln der Branche infrage stellt.[22]

Lange hatten die Manager in der Musikindustrie Probleme, diesen Paradigmenwechsel zu verstehen. Sie wurden nicht einmal dann hellhörig, als zwei der absoluten Superstars im Musikgeschäft – David Bowie bereits 1996 und Prince im Februar 2001 – begannen, Platten im Alleingang zu verkaufen und Fans über ihre Website den direkten Zugang zu ihrer Musik zu gewähren. Heute ist es eine Selbstverständlichkeit, dass Kreative mithilfe des Netzes traditionelle Branchenstrukturen umgehen können.

---

22. Buhse, Willms: *Wettbewerbsstrategien im Umfeld von Darknet und Digital Rights Management. Szenarien und Erlösmodelle für Onlinemusik.* Deutscher Universitäts-Verlag, Wiesbaden 2004.

Mut wird belohnt

Deshalb muss ebenso wie Prince und David Bowie auch Amanda Palmer nicht länger für die Musikindustrie oder ihre Manager arbeiten. Es geht auch ohne sie, ohne die alten Knebelverträge, von denen sich Amanda Palmer befreit hat. Jetzt helfen ihr neue Dienstleister in einer veränderten Branchenlandschaft, zum Beispiel der Finanzierungsdienstleister Kickstarter, um Geld für Projekte einzusammeln, die Videoplattform YouTube, um mit der eigenen Musik ein Millionenpublikum zu erreichen, oder ein Netzwerk wie Twitter, um Fans direkt über Neuigkeiten zu informieren. Die Botschaft für Kreative ist klar: Veränderungen und Mut lohnen sich. Und immer häufiger erleben Musikmanager wiederum, wie ehemalige Partner – die man oft sogar in einer totalen Abhängigkeit wähnte – zu mächtigen Mitbewerbern werden.

Dieses Prinzip ist im Übrigen nicht nur im Bereich der Musikindustrie zu beobachten. Fast überall werden zum Beispiel Experten für neue IT- und Innovationsthemen händeringend gesucht. Nehmen wir einen E-Commerce-Profi, der für ein traditionelles Handelsunternehmen arbeitet. Er entscheidet in der Regel, ob die Bedingungen eines Jobs für ihn passen oder nicht – oder ob er geht: zur direkten Konkurrenz, zu neuen digitalen Wettbewerbern wie Zalando oder Amazon. Oder er macht gleich sein eigenes Ding und startet einen eigenen Spezial-Webshop – von Internetnutzern finanziert, die das Projekt cool finden.

Talente pflegen, statt sie zu verscheuchen

Was Manager im digitalen Zeitalter lernen müssen, ist also, Talente zu pflegen und sie nicht zu verscheuchen. Und wenn es nicht anders geht und die Besten partout ihr eigenes Ding machen wollen? Dann muss ich lernen, in Netzwerken mit ihnen zusammenzuarbeiten. Die Alternative ist, ihr Know-how oder ihre Fähigkeit, ein gutes Produkt zu entwickeln, ganz zu verlieren.

Diese neuen Kräfteverhältnisse zu akzeptieren fällt vielen Führungskräften schwer, einige haben ja schon Schwierigkeiten damit, konstruktiv mit freien Mitarbeitern zusammenzuarbeiten. Ich habe das selbst zu Beginn meiner Selbstständigkeit erlebt. Um einen Geschäftsleitungs-Workshop bei Volkswagen zu moderieren, musste ich mich als globaler Automobilzulieferer registrieren, durch ein komplexes Einkaufsportal wühlen, über Zahlungsbedingungen verhandeln und so weiter und so fort. Seitdem bekomme ich regelmäßig Mails mit Details zum Ablauf der Anlieferung über Rampe A oder Anweisungen zur Entsorgung von Verpackungsmaterial. Aha. Externe, die nichts Verpacktes an Rampen liefern, sondern Knowhow, sind in den Prozessen von Volkswagen offensichtlich nicht vorgesehen. Nach einer Einladung, mit den besten Köpfen vernetzt zu arbeiten, klingt das nicht gerade. In meinen Workshops höre ich auch von anderen solche und ähnliche Geschichten, wenn es um die Zusammenarbeit mit Externen geht.

Auf die, die vernetzt arbeiten wollen, wirkt das nicht gerade motivierend. Übrigens hängen Motivation und gute Zusammenarbeit nicht nur vom Geld ab – sondern auch von Vertrauen und Respekt: Amanda Palmer etwa entschloss sich am Ende nicht wegen finanzieller Differenzen, ihr Label zu verlassen, sondern unter anderem weil sie in einem Video nicht ihren nackten Bauch zeigen durfte. Ein ziemlich blöder Grund eigentlich, um aus einem Talent einen starken Konkurrenten zu machen.

Fluthilfe Dresden:
Das Naheliegende mit dem Notwendigen verbinden

Wie das Beispiel gezeigt hat, kann das Internet dabei unterstützen, sich aus Abhängigkeiten zu befreien. Seine Kraft der Vernetzung kann aber auch dazu beitragen, auf unvergleichlich effiziente Weise Hilfe für Katastrophenopfer zu organisieren. Das ist die zweite Geschichte, die ich erzählen möchte. Sie handelt von Daniel Neumann und Sven Mildner, zwei bis zum Frühjahr 2013 unbekannten Menschen aus Dresden.

Sie wussten, wozu das Netz in der Lage ist, und deshalb spielten sie, als die große Flut kam, plötzlich eine zentrale Rolle bei der Hilfe für die Elbmetropole. Weil sie zwei ebenso einfache wie geniale Ideen hatten. Daniel Neumann schuf die Facebook-Seite „Fluthilfe Dresden", über die jeden Tag Tausende Freiwillige an verschiedenste Einsatzorte gelotst wurden, um dort Sandsäcke zu füllen. Und Sven Mildner machte auf der Online-Landkarte „Hochwasserhilfe Dresden" mithilfe von Google Maps sichtbar, wo Hilfe gebraucht wurde und wie der Stand der Dinge in einzelnen Stadtteilen war.

Damit sorgten zwei ganz normale Netznutzer – und nicht etwa Einsatzleiter der Feuerwehr oder des Krisenstabs – dafür, dass unzählige Freiwillige am richtigen Ort ihren Beitrag leisten konnten. Hilferufe von Flutopfern und Deichhelfern auf der Facebook-Seite wurden tausendfach geteilt, im Sekundentakt erschienen dann Hilfs-

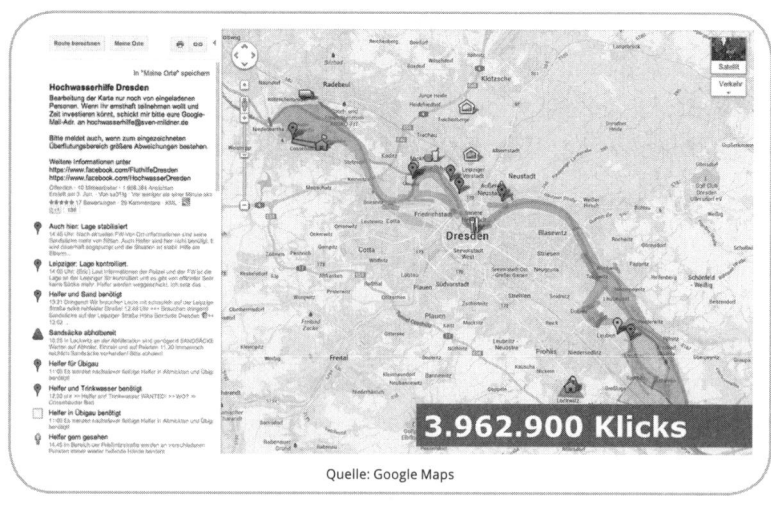

Quelle: Google Maps

Abbildung 5: Fluthilfe 2.0 – die Hochwasserhilfe Dresden koordinierte freiwillige Helfer via Google Maps.

angebote. Die Freiwilligen konnten selbst ihre Aktivitäten organisieren, weil sie wussten, wo sie gebraucht wurden. Wer die Helfer mit Brötchen oder Decken versorgen wollte, konnte das auf demselben Wege tun – und dabei sicher sein, dass seine Hilfe auch ankommt.

Schwarmintelligenz funktioniert, wenn sie ein klares Ziel hat

Teilweise waren die Facebook-Freiwilligen schneller als alle Profi-Helfer. Wo Technisches Hilfswerk oder Bundeswehr noch aus ganz Deutschland in Konvois herbeigeordert wurden, waren die Media-Sozialen schon auf dem Weg zu ihrem Einsatzort.

Für mich ist die Geschichte ein tolles Beispiel für die Kraft der Vernetzung und der Selbstorganisation, und Manager können aus dieser Initiative von Privatleuten sehr viel lernen.

1. Schwarmintelligenz – also die Weisheit vieler – funktioniert, solange sie ein klares Ziel hat. Führungskräfte können darauf vertrauen, dass ihre Mitarbeiter selbstständig handeln, wenn eine gemeinsame Idee sie eint.
2. Eine selbst organisierte Gruppe ist in der Lage, schneller und effizienter zu agieren als eine zentral gesteuerte Organisation.
3. Manche Schwärme sind tatsächlich intelligent. Die Masse der Facebook-Nutzer in den betroffenen Flutgebieten wusste mehr als das einzelne Mitglied eines Krisenstabs und sogar mehr als manche spezialisierte Gruppe von Experten des Technischen Hilfswerks.
4. Intelligente Vernetzung ersetzt zentrale Entscheidungen. Jeder kann Ideen, Anregungen oder seine Hilfe beisteuern und aktiv werden. Es wirkt enorm motivierend, wenn Menschen das Gefühl haben, dass sie unmittelbar etwas bewegen können.
5. Wer auf Transparenz und Vernetzung setzt, wird mit Geschwindigkeit belohnt. Gerade in unübersichtlichen Situationen geht

vieles schief. Auch Gruppen, die sich über Facebook organisieren, treffen natürlich mitunter falsche Entscheidungen. So kam es vor, dass zu viele Helfer an einem Ort waren und sich gegenseitig im Weg standen. Aber es dauerte nur Minuten, bis auch diese Information im Netzwerk geteilt wurde. Andere konnten schnell reagieren und ihr Ziel korrigieren.

Übertragen auf Unternehmen bedeutet das: Mitarbeiter sind im Firmenalltag oft viel näher dran am Geschehen als Führungskräfte. Diese Nähe lässt sich durch das Netz als Frühwarnsystem nutzen. Und zu Recht verdient dieses Beispiel den LIDA Award 2014 in der Kategorie Non-Profit.

Kurt de Ruwe:
Die wunderbare Vermehrung des Wissens

Das nächste Beispiel beschäftigt sich mit Offenheit – einem Phänomen, das auf den ersten Blick so gar nicht zum Thema Wissen passen will, von dem diese Geschichte ebenfalls handelt. Wir sagen heute leichthin „Wissen ist Macht", verdrängen aber oft, wie viel Wahrheit in dieser Redewendung steckt. Wer weiß, ist mächtig. Und wer viel weiß, was andere nicht wissen – und dieses Wissen in den richtigen Situationen geschickt einsetzt –, wird und bleibt wichtig für seinen Arbeitgeber. Er macht sich unersetzlich. Warum also Wissen teilen, Macht teilen, Macht abgeben? Abgeben an andere und sich damit ersetzlich machen?

Diese Fragen hat Kurt de Ruwe überzeugend beantwortet. Er war bis Februar 2013 CIO bei der Bayer Material Science AG (BMS), mittlerweile arbeitet er in gleicher Funktion bei Philips Lighting.

Für sein Projekt zur Einführung sozialer Software bei BMS wurde auch de Ruwe 2013 mit dem LIDA ausgezeichnet. Dort hatte ich dann auch Gelegenheit zu einem persönlichen Gespräch mit ihm.

Interview mit Kurt de Ruwe, CIO von Philips Lighting:

„Wir müssen die Menschen aus der Komfortzone holen."

Willms Buhse: **Kurt, welche Eigenschaften braucht eine Führungskraft, um im digitalen Zeitalter Erfolg zu haben?**

Kurt de Ruwe: Erstens ist natürlich technisches Verständnis heute für jede Führungskraft wichtig. Manager müssen beurteilen können, welche Technologien sie und ihr Unternehmen weiterbringen können. Zweitens gilt es zu verstehen, wie Menschen arbeiten wollen, und diese Wünsche dann mit den Ansprüchen und Erfordernissen des Unternehmens in Einklang zu bringen. Und natürlich müssen wir gemeinsame Ziele aufzeigen und den Weg dorthin weisen.

Wichtig ist, dass Führungskräfte dabei offen sind, auf Bedenken und Einwände eingehen, anstatt sie vom Tisch zu wischen. Die meisten Menschen sind traditionell geprägt und mögen es, ihre Aufgaben auf die immer gleiche Weise zu erledigen. Sie zu Veränderungen zwingen zu wollen führt in aller Regel nicht ans Ziel. Das erreicht man nur durch intensive Kommunikation und dadurch, dass die Führungskraft mit gutem Beispiel vorangeht, sich selbst intensiv für die kommunizierten Ziele engagiert.

Wie gelingt es Führungskräften, gut zuhören zu können, gleichzeitig aber die Fähigkeit, zu entscheiden, nicht zu verlieren?

*Wenn ich jemandem zuhöre, dann bedeutet das ja nicht, dass
ich ihm alles gebe, was er sich wünscht. Zuhören ist vor
allem wichtig, weil die Führungskraft dadurch erfährt, warum
sich der Einzelne engagiert beziehungsweise warum nicht.
Passen die Einstellungen zu der Richtung und zu den Zielen des
ganzen Unternehmens? Manchmal müssen Menschen sich
einfach verändern. Aber sie sollten verstehen, warum. Zuhören,
kommunizieren und zugleich mit Festigkeit eine Richtung
vorzugeben ist also kein Widerspruch.*

**Was ist schwieriger: die richtigen Technologien zu finden
und mit ihrer Hilfe innovative Werkzeuge zu kreieren oder
das Denken und Verhalten der Menschen zu ändern?**
*Gute Technologien zu finden ist relativ einfach. Denken und
Verhalten zu ändern ist viel schwieriger. Fast alle Menschen
wollen ihre Arbeit genau so machen, wie sie es schon immer
getan haben. Wer daran etwas ändern will, muss den Betreffenden aus seiner Komfortzone holen. Das gelingt, wenn wir ihm
nicht nur sagen, was das Unternehmen davon hat, sondern
auch, was es ihm selbst nützt, diese oder jene Veränderung
mitzumachen. In diesem Sinne erklären wir den Mitarbeitern
bei der Einführung neuer Technologien immer als Erstes,
welche Vorteile es ihnen ganz persönlich bringt, wenn sie damit
arbeiten. Wer das verstanden hat, zieht auch mit.*

Wie beschrieben, ist das Teilen von Wissen keineswegs eine Selbstverständlichkeit, gerade in Deutschland nicht. Umso erstaunlicher, dass es Kurt de Ruwe gelungen ist, Tausende seiner Kollegen bei BMS dazu zu bewegen, seinem Vorbild zu folgen und Wissen abzugeben, Macht abzugeben, loszulassen statt festzuhalten.

Wichtigstes Werkzeug dazu war eine Social Software. Bevor er sie einführte, war de Ruwe bei BMS vier Jahre lang Leiter von „Programm One – Change is Happening", einem Projekt, das unter anderem das Ziel hatte, Mitarbeitern das Denken über Abteilungsgrenzen hinweg, das funktionsübergreifende Arbeiten, einzuimpfen.

Bereits bei diesem Projekt – im Grunde ein klassisches IT-Projekt rund um die Unternehmenssoftware SAP – setzte Kurt de Ruwe anders als andere Projektleiter stark auf Feedback und Rückmeldung der Mitarbeiter, sammelte mehr als 500 Änderungsvorschläge. Dieser Input spielte auch bei der anschließenden Einführung einer Software zur internen Vernetzung eine wichtige Rolle, war Grundlage vieler Entscheidungen.

Die interne Plattform funktioniert wie Facebook – nur ohne Werbung

Anlass des Projekts war die Erkenntnis, dass bei der Bayer Material Science AG – wie in anderen großen Unternehmen auch – viele Arbeiten doppelt erledigt werden. Verschiedene Teams an unterschiedlichen Standorten arbeiten, ohne es zu wissen, am selben Thema. Im Jahr 2009 schilderten 50 Wissenschaftler Kurt de Ruwe das Problem. Etwa zum gleichen Zeitpunkt fragte er sich, wie sich das Wissen der Fachleute, die in absehbarer Zeit in den Ruhestand gehen würden, an die jüngere Mitarbeitergeneration weitergeben und damit im Unternehmen bewahren ließe.

Die ersten Versuche, diesen Know-how-Transfer mithilfe von Wissensmanagement-Software und Datenbanken umzusetzen, schlugen allerdings fehl. Den zweiten Versuch startete de Ruwe mit einer anderen Lösung, einer Social-Business-Software für Unternehmen. Solche Systeme ähneln von der Logik, den Funktionen und dem Aussehen her einem sozialen Netzwerk wie Facebook, nur dass die Plattform natürlich nicht nach außen geöffnet ist, sondern nur der internen Vernetzung dient. Dabei wird Wissen nicht wie sonst im Wissensmanagement üblich in einer Datenbank in Form von Dokumenten gespeichert. Stattdessen schreiben die Mitarbeiter in Profile, was sie bei der Arbeit bewegt, über welches Fachwissen sie verfügen und für welche Themen sie Ansprechpartner sein können. Außerdem sehen auf dieser Plattform alle Teilnehmer, wer gerade an welchen Dokumenten arbeitet.

Jeder, der einen Experten sucht, kann in so einem Netzwerk schnell erkennen, wer zum betreffenden Thema das meiste Know-how hat. Und wenn der Betreffende dann die Fragen des Kollegen beantwortet, können alle Interessierten diesen Beitrag mitlesen – ähnlich wie bei Facebook eben, nur dass die Kommunikation im sicheren Unternehmensumfeld stattfindet. Auch Dokumente und Dateien lassen sich so gemeinsam bearbeiten, und alle haben dabei immer die aktuellste Version vor sich.

Der Chef ging mit gutem Beispiel voran

Das System, das de Ruwe auf Basis einer Social-Business-Software aufbauen ließ, ist leicht zu bedienen und es ist auch deutlich intuitiver als die Suche nach Einträgen in einer Datenbank. Das bedeutete allerdings noch nicht, dass die Mitarbeiter sofort und ohne Vorbehalte bereit waren, über die neue Plattform ihr Wissen zu teilen. Für Kurt de Ruwe stellte sich also die Frage, wie er die Kollegen am besten dazu motivieren konnte, so eine Plattform tatsächlich zu benutzen. Denn natürlich hatten auch die Mitarbeiter bei BMS zunächst Sorge, sie könnten ersetzbarer werden, wenn sie ihr Wissen teilen.

De Ruwe brachte sie trotzdem dazu, es zu tun. Zum einen weil die Nutzung der Social-Business-Plattform freiwillig war, niemand musste mitmachen. Außerdem gab es keine thematischen Vorgaben. Genau dieser offene Ansatz erwies sich als richtig, weil er dazu führte, dass die Nutzer das Ganze übernahmen und die Plattform zu der ihren machten.

Der Erfolg hatte also die gleichen Ursachen wie der Erfolg von Facebook: Das soziale Netzwerk ist so beliebt, weil es ihm gelingt, die Nutzer dazu zu bewegen, sich eigeninitiativ darin zu bewegen und auszudrücken. Die Möglichkeit, sich über regionale und hierarchische Grenzen hinweg mit interessanten Menschen zu vernetzen, ohne dabei in ein enges Korsett von Regeln gepresst zu sein, darin liegt der Reiz. Aus Facebook ziehen diejenigen den größten Nutzen, die offen und transparent kommunizieren. Auf diese Weise prägen die Plattformen das Verhalten und die Erwartungen der Nutzer. Und schließlich, auch das ist eine wichtige Parallele zwischen der von Kurt de Ruwe bei der Bayer Material Science AG installierten Plattform und Facebook: Die Technologie spielt nur eine Nebenrolle.

Entscheidend war auch, dass de Ruwe mit gutem Beispiel voranging: „Wenn ihr möchtet, dass ich etwas weiß, dann postet es als Nachricht im Netzwerk, denn das lese ich definitiv", erklärte er in einem Video für die Mitarbeiter. Und der CIO war der Erste, der sein Wissen teilte. Er bloggte und er las selbst in den Nachrichtenströmen auf der Plattform, akzeptierte sie als verbindliche Informationsquelle. Zugleich brachte er auch weitere Mitglieder der Führungsetage dazu, offen und transparent über das neue Netzwerk nach allen Seiten zu kommunizieren und über eigene Blogs auch ihr Wissen zu teilen.

Und so entwickelte sich das Experiment zum Selbstläufer. Führungskräfte, die die Plattform nutzten, sendeten die Botschaft aus, dass das Management hinter dem Ganzen stand und es nicht als Zeitverschwendung begriff. Außerdem fanden viele Mitarbeiter tatsächlich schnell hilfreiche Antworten auf ihre Fragen, die Plattform bewährte sich als nützliches Arbeitswerkzeug. Was wiederum eine

Sogwirkung entfaltete: Wer selbst nützliches Wissen vorfindet, ist auch bereit, eigenes Know-how als Experte zur Verfügung zu stellen. Innerhalb weniger Wochen stieg die Zahl der Nutzer von 50 auf 2.000.

Alle werden klüger und niemand ist am Ende der Dumme

Mittlerweile arbeiten mehr als 10.000 Mitarbeiter mit der Social-Business-Plattform. Sie ist weit mehr als nur ein Stück Technik, das die Arbeit erleichtert, sie hat sich zu einem Treiber für die Transformation der gesamten Organisation entwickelt. Mithilfe der Plattform entwickelte sich eine von Austausch und Veränderungswillen geprägte Firmenkultur, in der derjenige, der das Wissen teilt, klüger wird, anstatt am Ende der Dumme zu sein.

„Wissen zu teilen bedeutet für Manager, dass sie loslassen müssen, nicht mehr kontrollieren dürfen, und dazu braucht es echte Führungsstärke. Kurt de Ruwe ist mit dem, was er für Bayer Material Science getan hat, so ein Vorbild. Er hat ein soziales Netzwerk eingeführt und dadurch die gesamte Organisation in ein offeneres und innovativeres Unternehmen verwandelt", sagte Cordelia Krooß, Managerin bei BASF, in ihrer Laudatio für de Ruwe anlässlich der Verleihung des LIDA Awards. Sie sagte auch, und das ist mir wichtig, dass es sich bei dem ganzen Projekt weniger um eine technologische als vielmehr um eine kulturelle Herausforderung handelte – eine Erkenntnis, die für das gesamte Thema Management by Internet gilt. Das beschriebene Werkzeug, die internetbasierte Plattform, hat die Aufgabe, den Kulturwandel praktisch umsetzbar zu machen, indem sie Selbstorganisation fördert.

Möglich ist das alles aber nur, wenn eine Organisation die Notwendigkeit des Wandels erkennt. Und diese Notwendigkeit entsteht keineswegs erst dadurch, dass hilfreiche Web-Tools zur Verfügung stehen. Es wäre schon immer hilfreich gewesen für Organisationen,

Wissen zu teilen und Macht abzugeben. Nur gab es eben vor Erfindung des Internets keine Werkzeuge, mit denen sich dieses Teilen effizient organisieren ließ.

Anders als Kurt de Ruwe unterschätzen allerdings viele Führungskräfte sowohl die Chancen als auch die Herausforderungen, die mit dem Teilen verbunden sind. Denn ein Mentalitätswandel hin zu mehr Offenheit und Partizipation entsteht weder durch IT-Großprojekte noch durch das Sammeln von Freunden auf einer Facebook-Seite. Er entsteht, wenn die Beteiligten notwendige Veränderungen verinnerlichen und einen Raum für selbstorganisierende Prozesse schaffen. Und das bedeutet, dass Führungskräfte zunächst lernen müssen, sich selbst zu verändern, nur dann können sie anderen als Vorbild dienen.

Im Grunde bleibt ihnen auch gar nichts anderes übrig, weil das Netz und seine Prinzipien durch die Hintertür sowieso in ihre Unternehmen einziehen – ob es ihnen gefällt oder nicht. Immer mehr Mitarbeiter benutzen Facebook oder das Businessnetzwerk LinkedIn, und die Grenzen zwischen privat und geschäftlich verschwimmen durch mitgebrachte Smartphones und Tablet-Computer in Windeseile. Wandel geschieht. Stellt sich die Frage, ob man diesen Wandel bewusst gestaltet oder ihn einfach geschehen lässt.

Was geschieht mit jenen Mitarbeitern, die sich dem Veränderungsprozess verweigern?

Natürlich sollte man nicht den Fehler machen, davon auszugehen, dass alle Mitarbeiter im Unternehmen von den Veränderungen begeistert sein werden, dass alle Mitarbeiter einen Mentalitätswandel freudig mittragen. Im Rahmen von Veranstaltungen bin ich oft gefragt worden, wie Führungskräfte mit genau jenen Mitarbeitern umgehen sollen, die sich den notwendigen Veränderungen verweigern, die also den Change-Prozess partout nicht mitmachen wollen.

Zunächst bin ich der Meinung, dass sich Führungskräfte nicht als Erstes mit diesem Problem, nicht als Erstes mit der Gruppe der

Verweigerer beschäftigen sollten. Wichtiger sind die Unentschlossenen, jene, die zwischen den sofort Begeisterten und den Verweigerern stehen. Wer sie gewinnt, bekommt die gesamte Organisation hinter sich. Absolut jeden Verweigerer zu überzeugen kann dagegen niemals gelingen. Aber wenn sich immer mehr Unentschlossene für die Veränderungen öffnen, überdenkt erfahrungsgemäß auch ein Teil der Verweigerer seine Position.

Das Unternehmen sollte ihnen so lange wie irgend möglich die Chance geben, für sich eine neue und für alle akzeptable Rolle innerhalb der Organisation zu finden. Jenen, die sich schwertun mit den Veränderungen, dagegen sofort mit Entlassung zu drohen, das wäre ein Fehler, weil es auch die übrigen Mitarbeiter eher einschüchtert als überzeugt.

Mit dem Managementmodell in Kapitel 4 liefere ich ein Bild, in dem Manager unterschiedlichster Auffassungen ein Zuhause finden können. Verweigerer sind dann eben eher in der Welt der Optimierungen und nicht der Unsicherheit und Dynamik sinnvoll positioniert. Ob es in einem Unternehmen eher um Optimierung oder um Innovation geht, hängt stark von der digitalen Affinität des Geschäfts und der daraus folgenden Notwendigkeit zur Agilität ab.

Agilität: „Ich habe noch nie einen Manager getroffen, der die Zukunft vorhersagen konnte"

Neben Vernetzung, Offenheit und Partizipation ist Agilität das vierte Managementprinzip, das vom Internet geprägt wird und das nachhaltige Veränderungen in Unternehmen möglich macht.

Was Agilität in der Softwareentwicklung bedeutet, habe ich bereits im Zusammenhang mit der CoreMedia AG skizziert: Es geht darum, ein Projekt mithilfe von fortlaufendem Feedback flexibel zu steuern, anstatt erst spät an zuvor festgelegten Kontrollstellen den Stand abzufragen und dann Fehler zu korrigieren. Bei agilen Entwicklungsprozessen bekommt der Kunde so immer wieder

Zwischenversionen zu sehen und kann kontrollieren, ob sich das Projekt noch in dem von ihm vorgesehenen Rahmen bewegt.

Agilität im Management bedeutet, Zwischenstände, zum Beispiel bei der Weiterentwicklung der Organisation, regelmäßig vorzustellen, zu bewerten und durch schnelles Feedback fortlaufend den eingeschlagenen Weg zu korrigieren.

Insofern ist agiles Projektmanagement eine Methode, die durch die Industrialisierung geprägt wurde und die zugleich optimal zum Internetzeitalter passt. Denn eine Webseite ist nicht wie eine Zeitung etwas Endgültiges, das irgendwann fertig ist und gedruckt wird. Webseiten und Internetanwendungen verändern sich fortlaufend, sie verkörpern keine Einbahnkommunikation vom Sender zum Empfänger wie eine gedruckte Zeitung, sondern sind Abbild eines Dialogs.

Und das bedeutet auch, das bei diesem Dialog Gelernte umzusetzen, Feedback einzubeziehen, sich schnell von Dingen zu verabschieden, die nicht funktionieren. Google ist ein gutes Beispiel für agiles Vorgehen. Das Unternehmen bringt ständig Produkte und Services heraus, die halb fertig sind beziehungsweise noch im Versuchsstadium stecken. Wenn der Kunde dann etwas nicht will oder es am Ende doch nicht vernünftig funktioniert, wird es eben wieder vom Markt genommen. Der Web-Telefondienst Google Talk, die Online-Krankenakte Google Health, die Web-Enzyklopädie Knol oder das soziale Netzwerk Google Buzz: alles Google-Services, die bestimmte Seitenaspekte des Netzlebens abdeckten. Google hat sie an- und irgendwann einfach wieder abgeschaltet – ohne natürlich vom Kerngeschäft mit seiner Suchmaschine und der Online-Werbung zu lassen.

Was heißt Agilität nun für den Alltag eines Managers? Eine Hauptaufgabe von Managern ist, Strategie und Geschäft weiterzuentwickeln. Dazu bietet sich ein Werkzeug zur Planung unter Unsicherheit an: Effectuation. Es handelt sich dabei – vereinfacht gesagt – um eine Methode zur Steuerung des Unternehmens, die sich von klassischen

Businessplänen verabschiedet. Businesspläne gehen davon aus, dass sich Entwicklungen vorhersagen lassen. Sie stellen Thesen über die Zukunft auf („In x Jahren wird der weltweite Bedarf für das Produkt y soundso viel Millionen Stück betragen.") und entwickeln anschließend eine Strategie, wie das Unternehmen auf diese Prognose reagieren sollte. Ich habe aber noch nie einen Manager kennengelernt, der die Zukunft vorhersagen konnte. Trotzdem erwarten die meisten Unternehmen von ihnen, dass sie ständig Prognosen treffen – und zwar möglichst optimistische. Immer wieder höre ich von Managern aus klassischen Unternehmen, dass sie sich rechtfertigen müssen, weil das von ihnen prognostizierte Wachstum nicht bei 57, sondern nur bei 55 Prozent liegt. Sie verschwenden dann viel Zeit darauf, die fehlenden zwei Prozent zu erklären, anstatt sich darum zu kümmern, dass es tatsächlich Wachstum gibt und nicht nur entsprechende Prognosen. Klassischem Controlling und seinen Werkzeugen fällt es einfach schwer, mit Unsicherheit und Komplexität umzugehen.

Businesspläne erinnern mich immer ein wenig an Planwirtschaft. Meiner Meinung nach würde diese Art zu denken aber nur Sinn machen, wenn sich die Zukunft tatsächlich mithilfe der Analyse des Wettbewerbs und der Marktbedingungen vorhersagen ließe. Das ist aber gerade in dynamischen, sich schnell verändernden Märkten – und das sind heute fast alle – nicht möglich. Anders gesagt: Businesspläne suggerieren eine Planbarkeit, die es fast nie gibt.

Flexible Steuerung statt starrer Planung

Die Qualität eines Unternehmens misst sich vielmehr daran, wie schnell und wie gut es auf unerwartete Probleme reagiert. Und das bedeutet sicher nicht, im Vorfeld noch mehr Planung zu betreiben, noch mehr Szenarien durchzurechnen, sondern es bedeutet, sich von der Vorstellung, alles sei planbar, zu verabschieden und stattdessen schnell und agil zu reagieren.

Der Effectuation-Ansatz geht also davon aus, dass die Zukunft prinzipiell nicht vorhersehbar ist. Stattdessen lautet das Credo: Alles, was wir steuernd beeinflussen können, brauchen wir nicht vorherzusagen. Es geht darum, die Zukunft mithilfe von Kooperationen und Vereinbarungen aktiv zu gestalten, anstatt aus einer völlig unklaren Datenlage Hypothesen von zweifelhaftem Nutzen zu schnitzen und sich anschließend daran zu orientieren.

Warum die klassische Planung schnell an ihre Grenzen stößt, zeigt ein Beispiel: Bei einem Fußballspiel ist jedem klar, wie die Spielregeln sind, wer gegeneinander antritt und wann das Spiel stattfinden soll. Trotzdem ist es unmöglich, genau vorherzusagen, wie es verläuft und wie das Ergebnis sein wird.

Schon bei so einfachen Zusammenhängen stößt Planung also an ihre Grenzen. Und die Realität von Unternehmen ist natürlich weitaus komplexer als ein Fußballspiel. Im Internetzeitalter mit seinen schnellen Entwicklungen und den sich immer stärker untereinander vernetzenden Verbrauchern gleicht die strategische Planung daher eher dem Versuch, in einem Spiel mitzuspielen, obwohl man nicht einmal weiß, welche Mannschaften antreten. Und obwohl sich die Spielregeln erst während des Spiels herauskristallisieren.

Wie forme ich da ein Team, das nicht nur in dem einen Spiel, sondern auch in den darauffolgenden erfolgreich sein kann? Wie stelle ich mein Unternehmen auf, damit es nicht starr einmal vereinbarte Pläne verfolgt, sondern flexibel reagiert?

Effectuation setzt vor diesem Hintergrund vor allem auf das Element des Steuerns und versucht, durch die Orientierung an den eigenen Ressourcen zu definieren, was beeinflusst werden kann und was nicht.

Welche Ressourcen haben wir, was können wir gut? Diese Fragen sind wichtiger als die Frage, wie viel Umsatz wir beispielsweise in drei Jahren machen wollen.

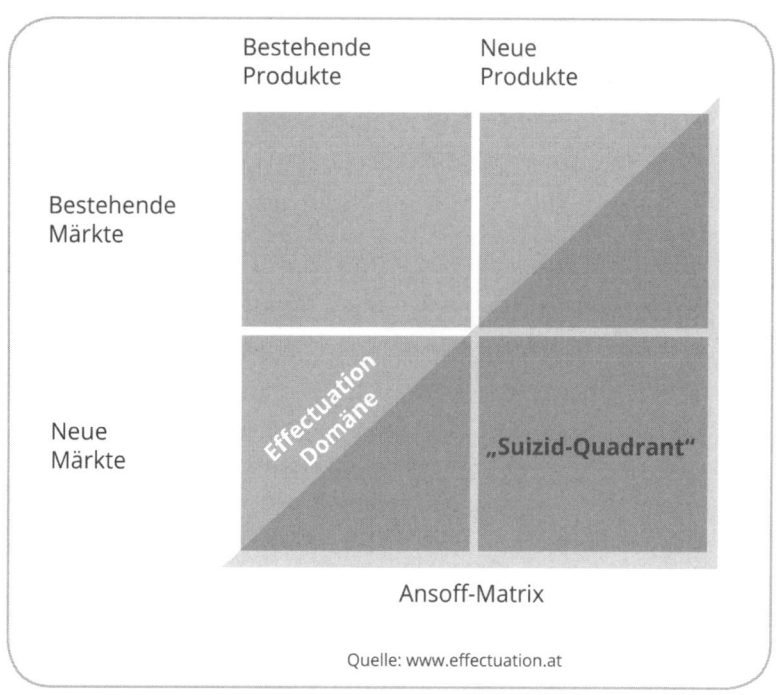

Ansoff-Matrix

Quelle: www.effectuation.at

Abbildung 6: Effectuation ist dort besonders effizient, wo es um neue Produkte und Märkte geht.

Wer Effectuation praktisch nutzt, fängt einfach mit dem an, was er tun will, statt endlos nur Pläne zu schmieden und zu versuchen, all die komplexen Faktoren zu berücksichtigen, die man berücksichtigen müsste. Er testet, ob etwas funktioniert, lernt durch Ausprobieren ständig dazu, nimmt den Plan und das eigene Handeln laufend unter die Lupe, justiert neu, lässt den Zufall zur Regel werden, begrüßt Unvorhergesehenes als neuen Impuls, anstatt darin eine Störung des Planes zu sehen.

Dieses Vorgehen kann und soll Planung nicht immer vollständig ersetzen. Aber es erlaubt strategisches Vorgehen auch in Situationen, in denen klassisches Planen offensichtlich an seine Grenzen stößt. „Effectuators steuern die Zukunft, indem sie Unerwartetes in Innovatives und Nützliches verwandeln", schreibt der Dozent Michael Faschingbauer, einer der führenden Experten für das Thema Effectuation. Und weiter: „Mittelorientierte Effectuators haben einen entscheidenden Vorteil, wenn ihre Ziele dem Unerwarteten zum Opfer fallen. Sie hängen nicht so stark an ihren Zielen und passen diese daher rascher an die neuen Möglichkeiten an."[23]

Effectuation nimmt sich die Logik des Internets zum Vorbild

Was das mit dem Internet zu tun hat? Sehr viel! Agiles Management in der Projektarbeit und Effectuation bei der Weiterentwicklung des Geschäfts des gesamten Unternehmens nehmen sich die Logik des Webs zum Vorbild, indem sie auf Vernetzung setzen. Sie sind gewissermaßen gelebtes Management by Internet. Weil diese Ansätze bei jedem Projekt fragen: Welche bestehenden Kunden kann ich einbinden, welche Lieferanten, welche Experten?

Effectuation ist also ein Teamsport. Allein bringen nur wenige Unternehmen und Teams alle Kompetenzen mit, die man braucht, um in einer ungewissen Zukunft auf allen nötigen Ebenen so gut zu sein, dass man Erfolg haben kann. Wer dagegen in Netzwerken arbeitet, kann sich schneller je nach Anforderung die kompetenten Partner heranholen, die gerade benötigt werden. Als Partner für solche Vorhaben kommen dabei vor allem Akteure in Betracht, die trotz dieser eingestandenen Unsicherheit bereit sind, erstens verbindliche Absprachen zu treffen und zweitens auch eigene Mittel in ein Projekt hineinzugeben. Welche Ziele genau angestrebt werden und wie viel die Beteiligten dabei investieren, hängt nicht von abstrakten Visionen, sondern von den verfügbaren Ressourcen ab.

---

23. Faschingbauer, Michael: *Effectuation. Wie erfolgreiche Unternehmer denken, entscheiden und handeln.* Schäffer-Poeschel, Stuttgart 2010; http://de.wikipedia.org/wiki/Effectuation

ᕳ f 8⁺</>

Am schwersten fällt es, Entscheidungen wieder zurückzunehmen

Eine unserer ersten Ideen bei CoreMedia war es, eine Videoplattform für Unternehmen zu entwickeln, also eine Art Firmen-YouTube. Wir haben Businesspläne gerechnet, Kosten und Umsatzerwartungen kalkuliert, Schätzungen gemacht, Annahmen getroffen und, und, und. Nach einem Dreivierteljahr hatte der Vorstand das Konzept endlich abgesegnet. Und was passierte? Einer unserer Wettbewerber änderte von einem Tag auf den anderen seine Preisstrategie, wodurch das von uns geplante Geschäftsmodell über den Haufen geworfen wurde. Unser sorgfältig ausgetüftelter Businessplan war nichts mehr wert.

Besser wäre es gewesen, ähnlich wie Google vorzugehen, also einfach mit der Entwicklung eines Dienstes anzufangen, dann über unser Netzwerk Kunden zu suchen und mit diesen Kunden einen Prototyp für unser Videoportal zu entwickeln und zu testen. Bei dieser Vorgehensweise hätten wir frühzeitig gewusst: Was ist aus Kundensicht der wichtigste Nutzen des Ganzen? Wie viel sind die Kunden bereit, dafür zu bezahlen?

Wir hätten also schlicht gesagt einfach MACHEN sollen – anstatt monatelang zu planen. Dann wären wir auch viel schneller am Markt gewesen, hätten früher Geld verdient. Entscheidungen muss man natürlich auch bei dieser Methode frühzeitig treffen, aber diese Entscheidungen haben nicht eine so große Tragweite wie starre Businesspläne. Es macht eben einen gewaltigen Unterschied, ob ich eine Entwicklungsentscheidung für ein Quartal treffe oder ob ich sofort ein Budget für die kommenden zwei bis fünf Jahre freigebe.

Im letzteren Fall werden Entscheidungen, vor allem, wenn es um Millionen geht, extrem intensiv vorbereitet, da gibt es dann eine zweite und eine dritte Runde von Meetings und Beschlussvorlagen, bis alle Mitentscheider und alle Hierarchiestufen ihr Plazet gegeben haben. Und dieser Aufwand muss sich dann unbedingt lohnen. Das bedeutet: Noch schwieriger, als diese Entscheidungen zu treffen, ist es, sie wieder zurückzunehmen. Selbst wenn es gute Gründe dafür gäbe.

Die Folgen eines zu starren Vorgehens beobachte ich jeden Tag anhand von Kleinigkeiten im Alltag. Ein Beispiel: Im Frühsommer 2013 saß ich irgendwann am frühen Abend in Hamburg vor der Strandperle, einem beliebten Ausflugslokal direkt an der Elbe, in dem man seinen Milchkaffee mit Blick auf den gegenüberliegenden Hafen und auf langsam vorbeiziehende Containerschiffe genießen kann. Bei schönem Wetter ist hier viel los: Trendig gekleidete Singles sitzen im Sand, junge Mütter sehen ihren Kindern beim Buddeln zu, Hunde laufen dazwischen umher.

An jenem Tag allerdings war der Himmel verhangen, es sah nach Regen aus und kühl war es auch. Nur ganz wenige Liegestühle waren damals, kurz nach 18 Uhr, noch besetzt. Trotzdem liefen eine junge Frau und ein Mann in dunkelblauen Overalls zwischen den Stühlen herum und verteilten Nivea-Sonnenmilch-Proben. Diese brauchte zu jenem Zeitpunkt dort keiner. Das Geld für die Aktion an diesem Tag war zum Fenster hinausgeworfen. Wahrscheinlich war die Aktion Monate im Voraus geplant und gebucht worden. Und dann wurde sie eben auch durchgezogen, obwohl das Wetter in Hamburg während der gesamten Woche (ausnahmsweise!) regnerisch war und deshalb niemand Sonnencreme brauchte. Ein „agiles" Unternehmen hätte so nicht agiert, dachte ich mir an jenem Tag. Und dass es die vielen kleinen Gelegenheiten sind, Blödsinn zu machen, die Unternehmen die Bilanz verhageln.

Ganz ähnliche Gedanken habe ich, wenn ich sehe, wie manche Modeunternehmen Werbung für Sommergarderobe schalten. Geplant wird das Ganze zum Jahreswechsel, und dann werden im Frühsommer TV-Werbespots für Shorts und Shirts gesendet – egal, wie mies das Wetter in Wirklichkeit ist. „Kalendarisch ist Sommer, und deshalb müsst ihr jetzt Sommermode kaufen!", sagt mir so ein

Unternehmen. Überzeugen kann mich das nicht, weil ich mich – wie jeder Kunde – eher an der aktuell erlebten Realität orientiere, also zum Beispiel an der Frage, ob es gerade kalt ist oder nicht. Die Menschen in Frankreich tun das auch, und deshalb ist dort das Versandunternehmen La Redoute auf die Idee gekommen, Passanten Kleidungsvorschläge zu machen, die genau zum aktuellen Wetter passen. Möglich wird das durch digitale Werbewände, die durch Sensoren das Gezeigte blitzschnell den Verhältnissen anpassen: Wenn es warm ist und die Sonne scheint, trägt das Model etwas Leichtes, Frühlingshaftes, fängt es an zu regnen, wechselt das Bild zu einer Dame im Trenchcoat und mit Schirm. Ziemlich clever das Ganze – und weit intelligenter als das oben beschriebene Festhalten an der lange geplanten Sommerkampagne selbst bei Regen.

Über solche und ähnliche Desaster haben Manager mir in meinen Workshops schon oft berichtet. Und darüber, dass fast niemand in der Lage und gewillt ist, rechtzeitig die Reißleine zu ziehen. Zu sagen: „Komm, lass uns diese TV-Buchung canceln, zurückziehen. Selbst wenn wir trotzdem noch die Hälfte der ursprünglich kalkulierten Summe bezahlen müssen, dann ist das immer noch besser, als eine nutzlose Kampagne durchzuziehen, nur weil wir sie geplant haben." Dazu müsste man fähig sein, Fehler einzugestehen, und das sind viele Manager nicht. Es fällt ihnen schwer, zu sagen: „Anfang des Jahres konnte keiner ahnen, dass der Frühsommer so regnerisch sein würde; sei's drum, dann müssen wir halt jetzt umsteuern, einen Plan B entwickeln." Der Umgang mit Unsicherheiten und Risiken ist nach meiner Erfahrung eine der am weitesten verbreiteten Managementschwächen überhaupt.

Natürlich ist es nicht immer und grundsätzlich falsch, einen Businessplan zu machen, Risiken zu analysieren und die wesentlichen Stellhebel zu verstehen. Und es schadet auch nicht, zu wissen, was die Konkurrenten tun. Falsch ist es aber aus meiner Sicht, den einmal verabschiedeten Plan sklavisch einzuhalten, selbst wenn sich die

Rahmenbedingungen im Laufe des Projekts drastisch verändert haben. Und es ist falsch, dem Weg eines Konkurrenten zu folgen, obwohl die Marktchancen eigentlich in der anderen Richtung liegen. Eines erreichen Sie auf diese Weise mit Sicherheit: Sie laufen ihrem Wettbewerber immer hinterher.

Die Automobilindustrie in der Netzwerkgesellschaft, oder: Was Konzerne von einem Ex-Marine lernen können

La Redoute geht neue Wege, was die Werbung angeht, Amazon macht Buchhändlern das Leben schwer und Amanda Palmer schafft es mithilfe von Twitter, das Musikgeschäft zu erneuern. So weit, so gut. Aber haben wir in Deutschland nicht ganz andere wirtschaftliche Schwerpunkte? Der Maschinenbau oder die Automobilindustrie, sind das nicht Branchen, die für den Erfolg unseres Landes viel bedeutsamer sind als die Musikindustrie? Stimmt. Doch auch die Geschäfts- und Entwicklungsmodelle der einheimischen industriellen Giganten werden von der Netzlogik infrage gestellt. Wie, das erfährt, wer Jay Rogers kennenlernt.

Rogers hat nicht nur eine schillernde Vergangenheit, sondern er ist auch dabei, der Zukunft seinen Stempel aufzudrücken. Der ehemalige Harvard-Student, Investmentbanker und McKinsey-Berater befehligte im zweiten Irakkrieg als Offizier einen 300 Mann starken Zug der US-Marines. Nun ist er als Gründer und CEO von Local Motors dabei, die Automobilindustrie umzuwälzen. Ich habe für ihn eine Reihe von Besuchen in den Chefetagen bei deutschen Automobilbauern organisiert und mich im Rahmen dieser gemeinsamen Tage intensiv mit ihm ausgetauscht.

Interview mit Jay Rogers, Gründer und CEO von Local Motors:

„In Zukunft brauchen wir von der Idee zum fertigen Auto nur noch zwölf Monate."

Willms Buhse: Was kann die traditionelle Autoindustrie von Local Motors lernen?

Jay Rogers: Wir arbeiten ja schon länger mit den großen Herstellern zusammen und zunächst war es an uns, von ihnen zu lernen. Zum Beispiel, wie man weltweit Teile in der immer gleichen, hohen, standardisierten Qualität herstellt. Umgekehrt von Local Motors lernen können die traditionellen Produzenten vielleicht, dass sich Innovationen schneller umsetzen lassen, wenn man den Entwicklungsprozess kooperativ begreift, eine Community dazu nutzt statt eines Top-Down-Prozesses mit festgelegten, hierarchischen Beziehungen zwischen Zulieferer und Hersteller.

Ist Local Motors konkurrenzfähig?
Wie sehen die Zahlen im Vergleich zum Wettbewerb aus?
Bei unserer wichtigsten Kennzahl geht es nicht um Dollars, sondern um Monate: Aktuell brauchen wir von der ersten Idee für ein Auto bis zur Auslieferung an den Kunden 18 Monate. Und ich bin davon überzeugt, dass wir diese Frist sogar bis auf zwölf Monate verkürzen können. Die großen Autohersteller benötigen dagegen fünf bis sieben Jahre. Diese Zahlen sind für uns am wichtigsten. Außerdem wollen wir die Anzahl der

technischen Systeme, die ein Auto steuern, um etwa 30 Prozent reduzieren, weil wir glauben, dass ein Auto in Zukunft weniger Teile haben und weniger komplex sein sollte als bisher. Insgesamt kann man Local Motors natürlich nicht wirklich mit einem Großserienhersteller vergleichen. Wir investieren etwa drei Millionen Dollar in eine neue Entwicklung, die Großen dagegen 300 Millionen, also hundertmal so viel.

Wie unterscheiden sich die Kundenbeziehungen von Local Motors von denen der klassischen Hersteller?
Die Autoindustrie ist etwa 100 Jahre alt und ihre Prozesse sind so unglaublich perfekt und effizient, dass es darin normalerweise keine Stelle gibt, an der der Kunde Einfluss nehmen oder auch nur seine Stimme erheben könnte. Doch mittlerweile haben wir die Chance, das zu ändern, weil es durch das Internet ganz neue Kommunikationsmöglichkeiten gibt. Wir versuchen, diese Möglichkeiten zu nutzen, das Feedback der Kunden direkt in den Entwicklungsprozess einfließen zu lassen.

Beobachten Sie, dass auch andere Hersteller die Kunden stärker einbeziehen?
Ehrlich gesagt sehe ich das nicht, oder jedenfalls nicht in großem Stil. Es gibt bei einigen Herstellern Ansätze, aber die spielen sich eher im Marketing ab und weniger bei Entwicklung und Produktion. Einige haben vielleicht den ersten Schritt getan, aber sie sind noch weit davon entfernt, so zu agieren, wie es sich die Kunden wünschen.

Eines ihrer unternehmerischen Vorbilder ist Ikea. Warum?
Ikea hat einen Kulturwandel bei seinen Kunden, in seiner ganzen Branche und sogar darüber hinaus ausgelöst. Und das liegt nicht etwa an der Wirkung eines bestimmten Möbeldesigns

oder so, sondern an der Logik von Herstellung und Vertrieb. Ikea hat hier schlicht die Regeln neu definiert. Die Produkte gehen von der Fabrik direkt an den Kunden. Dessen Wohnzimmer ist sozusagen der letzte Teil der Produktionshalle. Das Zusammenbauen des Gekauften wird, auch wenn es manchmal nicht sofort klappt, zum wichtigen, positiven Teil des Einkaufserlebnisses.

Ikea sagt seinem Kunden: Dadurch, dass du einen Teil der Herstellung selbst erledigst, wirst du das Produkt am Ende umso mehr lieben. Natürlich spielen auch die Kosten eine Rolle, natürlich kaufen die Menschen auch bei Ikea, weil es preiswert ist. Aber eine enge Beziehung zu ihrem neuen Möbelstück bauen sie deshalb auf, weil sie es selbst zusammengeschraubt haben. Diese Idee ist einfach genial.

Local Motors baut Autos. Damit enden aber die Gemeinsamkeiten mit Daimler, Volkswagen, Toyota und anderen Anbietern schon. Denn während dort Heerscharen von Ingenieuren unter strengster Geheimhaltung an neuen Modellreihen arbeiten, verfügt Local Motors gerade mal über ein gutes Dutzend fest angestellter Fachleute, die in der Lage sind, ein Fahrwerk oder einen Antrieb zu entwickeln.

Trotzdem ist das kleine Start-up keineswegs chancenlos, wenn es gegen die Automobilgiganten antritt. Das Kernteam von etwa 60 Leuten kann sich darauf verlassen, dass auch zu den Fahrzeugen, die Local Motors entwickelt, mehrere Tausend Experten ihr Wissen beisteuern. Nur arbeiten diese eben nicht in einer Werkshalle oder Büroetage, sondern im Netz. Eine Online-Community, die mehr als

36.000 Autofans und Fachleute rund um die Welt vernetzt, ist das Herzstück des Unternehmens.

Bei Branchenriesen wie Daimler wird Besuchern aus Sorge vor Industriespionage sogar dann die Kamera am Smartphone mit Klebeband versiegelt, wenn man dort nur Konferenzräume und keine Entwicklungslabors besucht.

Local Motors setzt dagegen auf komplette Offenheit, Geheimnisse gibt es keine. Alle Baupläne und Entwürfe stehen im Netz und sind als CAD-Dateien für jedermann einsehbar. Alle Daten basieren auf quelloffener Software, jeder darf sie nutzen und verbessern.

18 Monate Entwicklungszeit statt sieben Jahre

Das Wundersame an Local Motors ist, dass es ein Team aus Community-Managern immer wieder mit einem Mix aus Ausschreibungen, Wettbewerben und Prämien schafft, Auto-Enthusiasten rund um die Welt für die Mitarbeit an bestimmten Entwicklungsschritten zu begeistern. Mal steuern autobegeisterte Designer aus Rumänien, Brasilien oder Uganda Entwürfe für die Form eines Karosserieteils zu einem Fahrzeug bei, dann wieder lassen professionelle Fahrzeugentwickler aus Frankreich oder den Vereinigten Staaten in ihrer Freizeit ihr Wissen zur Konstruktion von Motorelementen in ein kollaboratives Entwicklungsprojekt einfließen. Interessanterweise ist das Engagement gerade aus Ländern ohne eigene Automobilindustrie sehr hoch.

Mithilfe der Community und einem Produktionsverfahren, das auf den Aufbau lokaler Mikrofabriken setzt, die kaum größer als eine Autowerkstatt sind, kann Local Motors Fahrzeuge sehr viel schneller realisieren als ein klassischer Autobauer. Ein Beispiel dafür ist das erste Auto, das Local Motors produziert hat: der Rally Fighter, der im Oktober 2010 zum ersten Mal auf einer Straße in Arizona fuhr.

⏏ f 8⁺

Quelle: Local Motors

Abbildung 7: Durch das Einbeziehen einer Online-Community verkürzt Local Motors die Entwicklungszyklen von der 2-D-Zeichnung bis zum fertigen Modell massiv.

Während neue Serien und Modelle in der klassischen Autoindustrie eine Vorlaufzeit von fünf bis sieben Jahren haben, dauerte es beim Rally Fighter nur 18 Monate, bis aus der 2-D-Zeichnung und der Konzeptstudie ein Fahrzeug wurde, das ein Kunde abholen konnte. In dieser Fähigkeit, Entwicklungszeiten drastisch zu verkürzen, ist Local Motors durchaus zum Vorbild auch für sehr viel größere Hersteller geworden. Den Ritterschlag erhielt Jay Rogers 2012 in Hannover, als ihm der niedersächsische Wirtschaftsminister, der zugleich Aufsichtsrat bei Volkswagen ist, den LIDA Award verlieh.

Das Internet verändert Strukturen in allen Branchen

Henry Ford hatte Anfang des 20. Jahrhunderts begonnen, die Autoherstellung zu revolutionieren und Produktionsprozesse in viele kleine repetitive Arbeitsschritte aufzuteilen. Damit wurden Autos für jeden erschwinglich. Schrittweise sank der Preis für das Modell T, die „Tin Lizzy", von 850 auf 370 Dollar. Der Erfolg war überwältigend. Das Wachstum der automobilen Industrieproduktion führte zum Aufbau riesiger Produktionsstraßen. Das T-Modell motorisierte Amerika und wurde bis 1928 über 15 Millionen Mal verkauft. Erst der VW Käfer konnte 1972 den Verkaufsrekord dieses Modells brechen.

Noch bis in die 1980er-Jahre stellten Automobilkonzerne einen Großteil der Bauteile im eigenen Unternehmen her. Erst der Aufstieg von japanischen Herstellern änderte die Regeln. Deren „Lean Production" mit optimierten Materialflüssen und geringer Fertigungstiefe hat sich seit den 1990er-Jahren weltweit zum Standard im Fahrzeugbau entwickelt, überall wurden seitdem immer größere Anteile der Produktion und Entwicklung an externe Zulieferer ausgelagert.

Eines aber hat sich nicht grundlegend geändert: Nach wie vor setzt die Branche beim Thema Entwicklung auf Heerscharen von Ingenieuren in weißen Kitteln, die im Unternehmen selbst arbeiten.

Sie setzen die Ergebnisse der hauseigenen Marktforschung um, anschließend schrauben Kohorten von Blaukitteln Seite an Seite mit Robotern in großen Fabrikhallen die Fahrzeuge an Fließbändern zusammen. Mit hohem Kapitalaufwand entwickeln die Hersteller standardisierte Baumuster, aus denen jeweils Hunderttausende von Autos entstehen, die anschließend über das Händlernetz per Massenmarketing in den Markt gedrückt werden. Durch die weltweite Digitalisierung und Vernetzung wird nun dieses Erfolgsrezept infrage gestellt – ein neues Modell der Entwicklung und Wertschöpfung schickt sich an, das alte zu ersetzen.

Wie viele andere Industrien wiegte sich auch die Automobilbranche lange in der trügerischen Sicherheit, dass der Auftritt von Wettbewerbern, die Erfolgsmuster aus dem Internet nutzen und damit den Markt aufrollen, auf Branchen wie den Buchhandel oder das Musikgeschäft beschränkt bleiben würde.

Die digitale Transformation trifft aber nicht nur die Unterhaltungsindustrie, sondern so gut wie alle Branchen. Dabei ist fast immer ein sehr ähnliches Erfolgsmuster zu beobachten: Wer vernetzt agiert, agiert schneller und wirtschaftlicher als die Wettbewerber. Wer Informationen offenlegt und das Wissen vieler Köpfe nutzt, erhält schnellere – und oft auch bessere – Ergebnisse als derjenige, der auf das einsame Genie setzt. Wer es schafft, Interessierte durch intensive Kommunikation und partizipative Prozesse in die Entwicklung von Produkten – sei es ein Musikalbum oder ein Auto – einzubeziehen, gewinnt massiv an Kundennähe und weiß genauer als der Wettbewerb, was der Markt will.

Bei den Autohändlern hat das große Sterben längst eingesetzt

Und wer agil vorgeht und Management by Internet praktiziert, kann besser auf radikale Veränderungen reagieren als derjenige mit einem Masterplan und einer starren Organisation.

Das Internet verändert nicht nur die Regeln, nach denen Autos hergestellt, sondern auch die, nach denen sie ver- und gekauft werden. Nach Untersuchungen des Beratungsunternehmens Capgemini Consulting beginnen 94 Prozent aller Autokäufe mit einer Recherche im Internet. Positive Einträge in sozialen Netzwerken beeinflussen zu fast 60 Prozent den Entscheidungsprozess, negative zu 54 Prozent. In entwickelten Märkten kann sich rund ein Drittel aller Autokäufer außerdem vorstellen, den kompletten Kauf im Internet abzuwickeln. Zugleich wünschen sich die Kunden auch im Verkaufsraum ein „Weberlebnis", zum Beispiel durch den Zugriff auf interaktive Touchscreens.

Auf der anderen Seite nimmt die Zahl der Autohändler in Deutschland stetig ab. Dr. Willi Diez, Direktor des Instituts für Automobilwirtschaft, rechnet damit, dass es im Jahr 2020 nur noch etwa 4.500 selbstständige Autohändler in Deutschland geben wird. 2011 waren es noch knapp 8.000, vor zehn Jahren 18.000 Betriebe.

Damit ist ein wichtiger Kanal für die Hersteller, mit dem sie über Serviceangebote Kundenbeziehungen aufbauen, deutlich geschwächt. Der Zugang zum Kunden wird erschwert, es gibt weniger Gelegenheiten, ihn direkt zu begeistern. Verkaufskonzepte wie VWs Autostadt in Wolfsburg schaffen es nur zum Teil, diese Veränderungen aufzufangen. Auch der durch das Netz befeuerte Trend zum Autoteilen hat massiven Einfluss darauf, ob und wie ein Automobilhersteller Geld verdienen kann.

1.000 verkaufte Fahrzeuge genügen, um Geld zu verdienen

Der wichtigste Wertschöpfungshebel der Autobauer ist aber das – bisher exklusiv in den Köpfen der Ingenieure und auf den Unternehmensrechnern gelagerte – Wissen. Doch nun stellen blendend vernetzte Akteure wie Local Motors den Wert von traditionell gelagertem Know-how infrage.

Denn Local Motors ist nicht nur in der Entwicklung drei bis fünf Mal schneller, sondern benötigt auch nur den Bruchteil des Kapitals eines klassischen Herstellers, um aus einer Konzeptstudie ein Fahrzeug zu machen. Lediglich 3,6 Millionen Dollar waren für die Entwicklung des Rally Fighters notwendig. Weil die Entwicklungs- und Produktionskosten für jedes Fahrzeug gering sind, braucht Local Motors nach eigenen Angaben lediglich 1.000 verkaufte Autos, um damit Geld zu verdienen. Im Juni 2010 startete die Produktion des Rally Fighters, bis November 2012 wurden bereits 127 Autos bestellt, bis Dezember 2012 waren 60 davon produziert und verkauft.

Und auf Wunsch können die Kunden das Auto sogar an zwei Wochenenden selbst unter Anleitung zusammenbauen. „Das funktioniert doch niemals!", schallte es mir auf einer Veranstaltung bei

Audi entgegen. „Ja genau", antwortete ich. „Das hat die Möbelindustrie vor IKEA auch gesagt ..."

Genau wie bei dem skandinavischen Möbelriesen sorgt auch bei Local Motors das Selbstaufbau-Konzept für eine extrem enge Bindung der Kunden an das Produkt. Neben Autosammlern, Individualisten und Bastelfreunden gehören nach Angaben von Jay Rogers auch Community-Mitglieder, die das Auto mitentwickelt haben, zu den treuesten Local-Motors-Kunden – ebenso wie berufstätige Familienväter, die als Vater-Sohn-Projekt ein Auto bauen möchten.

Pizzaofen statt Beifahrersitz

Local Motors wird vermutlich auf absehbare Zeit mithilfe der Crowd keine Limousine wie die S-Klasse von Daimler bauen können. Dafür kann das Unternehmen durch seine agile Vorgehensweise wie kein anderer Player der Branche etwas bedienen, das aus anderen Wirtschaftszweigen als der Long Tail bekannt ist: Dadurch, dass mithilfe der Vernetzung die Kosten sinken, verdient das Unternehmen schon bei kleinen Stückzahlen Geld. Amazon zum Beispiel verdient durch seine niedrigen Kosten auch mit seinen vielen selten verkauften Artikeln Geld und nicht nur mit den wenigen oft verkauften. Und in der legalen Version des amerikanischen Online-Musikdienstes Napster, die aus der illegalen Tauschbörse hervorgegangen ist, bringt eine große Anzahl weniger gefragter Titel für ein Nischenpublikum in der Summe mehr Umsatz als der Verkauf von Musiktiteln aus den Charts.

Das Geschäft mit dem Long Tail funktioniert auch bei Autos: Local Motors kann bereits heute besser als jeder klassische Anbieter Spezialfahrzeuge entwickeln, die perfekt an lokale Gegebenheiten, Aufgaben oder andere Anforderungen angepasst sind – und zwar in einer Passgenauigkeit, die die klassische Industrie aufgrund ihrer Kostenstrukturen und Verfahrensweisen nicht leisten kann.

So entwickelte Local Motors mit seiner Community für den Lieferdienst Domino's Pizza das perfekte Lieferfahrzeug: Statt eines Beifahrersitzes hat es einen Pizzaofen. Die im August 2012 gestartete Konzeptphase war binnen drei Monaten abgeschlossen, bis Mitte März 2013 war ein Detailkonzept für das Fahrzeug ausgearbeitet. Für etwas anderes als das Ausfahren von Pizza kann man das Fahrzeug nicht benutzen. Deshalb wäre es für die klassische Industrie nicht wirtschaftlich, so ein Nischenfahrzeug zu entwickeln.

Das Kollaborationsprinzip macht auch in Deutschland Schule: Die Logistiker der DHL entwickelten beispielsweise zusammen mit 50 Partnerunternehmen abseits der klassischen Autoindustrie mithilfe von netzbasierten Kollaborationswerkzeugen ein neues Lieferfahrzeug. Auch dieses Spezialfahrzeug entstand in nur zwölf Monaten.

Das US-Verteidigungsministerium hat keine Angst vor der Community

Nun könnte man mutmaßen, dass bei der Entwicklung eines in kleinen Stückzahlen produzierten Lieferfahrzeugs die Geheimhaltung von Entwicklungsdetails nicht so eine große Rolle spielt, bei Großserienfahrzeugen mit komplexerer Technik dagegen schon. Und dass die Fahrzeuge anderer Hersteller niemals durch eine internationale Community entwickelt werden können, weil die Angst vor dem Verlust von Produktgeheimnissen viel zu groß ist – und berechtigt.

Aber ist das wirklich so? Das US-Verteidigungsministerium jedenfalls scheint diese Angst nicht zu haben. Sonst hätte deren Entwicklungsbehörde DARPA wohl kaum den „XC2V", ein leichtes „Kampfunterstützungs-Fahrzeug", quasi den Nachfolger des auch in Deutschland bekannten „Hummer", gemeinsam mit Local Motors und seiner Community entwickelt. Präsident Barack Obama sagte anlässlich der Präsentation des Fahrzeugs, man habe herausfinden wollen, ob es möglich sei, Verteidigungssysteme preiswerter und schneller zu entwickeln als bisher. Local Motors bekam, so die

♻ f 8⁺

Vorgabe, einen Monat Zeit für die Entwicklung und drei Monate für die Ausführung.

Local Motors wählte in dieser Zeit aus 162 eingereichten Designentwürfen den besten aus und hielt den Zeitplan ein. Natürlich konnten sich auch Soldaten und Veteranen an diesem Prozess beteiligen. Barack Obama sagte über dieses Projekt, es könne die Art, wie die Regierung mit Steuergeldern umgehe, verändern. „Wenn wir Entwicklungszeiten drastisch verkürzen, könnte das den Steuerzahlern Ausgaben in Milliardenhöhe ersparen."

Kleine Ironie der Geschichte: Die DARPA, jene Behörde, die sich bei dem beschriebenen Projekt die Netzwerkqualitäten des Internets zunutze machte, schuf einst das ARPANET. Es verband 1969 die Computer von vier großen amerikanischen Universitäten miteinander, ein Netzwerk, aus dem später das Internet hervorging. So schließt sich der Kreis.

Local Motors nutzt außerdem nicht nur das Fachwissen von Autofans für die Projektentwicklung, auch die Finanzierung funktioniert über das Internet. So war es eine Crowdfunding-Kampagne, welche die Entwicklung der „Cruiser" möglich machte, Fahrräder mit Elektro- oder Verbrennungshilfsmotor, deren Design historischen Vorbildern nachempfunden ist.

Der Lernprozess fällt deutschen Autobauern schwer

Was bedeutet das alles für einen klassischen deutschen Autobauer? Sicher nicht, dass er seine Werke schließen, seine Ingenieure entlassen und ebenfalls nur noch mithilfe von Netznutzern arbeiten sollte. Wohl aber, dass bislang praktizierte Verfahren hinterfragt und dort, wo es sinnvoll ist, um partizipative, vernetzte Elemente und einen strategischen Umgang mit der Offenlegung von Informationen ergänzt werden sollten, um kostengünstiger, schneller und kundennäher zu werden. Es geht also darum, zu lernen, wo man klassische

Führungs-, Entwicklungs- und Produktionsmuster um das Management by Internet ergänzen oder sie sogar punktuell durch dieses ersetzen kann.

Langfristig wird das eine Frage des Überlebens sein. Trotzdem fällt es den deutschen Autobauern schwer, diesen Lernprozess wirklich anzustoßen. Ihre Führungskräfte sind nur bedingt auf den Transformationsprozess bei Entwicklung und Fertigung vorbereitet. Oft verweisen sie darauf, dass es zu große organisatorische Hürden gibt, um die Ideen aus der Crowd wirklich in Kernprozesse einfließen lassen zu können. Angst vor Industriespionage oder ungeklärte Sicherheits- und Haftungsfragen verhindern in der Regel, dass eine Kooperation mit externen Partnern außerhalb der klassischen Zuliefererwelt möglich wird. Die Arbeitsteilung innerhalb des Unternehmens kam mit der Erfindung der Fließbandfertigung. Nun ist erkennbar, wie die Arbeitsteilung mit Externen die Wirtschaft prägen und verändern, ja die Industrie regelrecht revolutionieren wird. Dass Führungskräfte dabei auch weiterhin nur in den Kategorien „Mitarbeiter" oder „Lieferant" denken werden, ist sehr wahrscheinlich. Es wird aber nicht mehr ausreichen, um auch Freiwillige oder Fans zur Beteiligung zu motivieren.

Alternative Ansätze nutzen die Großen – wie Jay Rogers auch im Interview angedeutet hat – bestenfalls punktuell. So hat Volkswagen in China zur Entwicklung des „People's Car" über das Netz aufgerufen. Autofans können sich hier virtuelle Wunschfahrzeuge zusammenklicken. BMW arbeitet in begrenztem Rahmen inzwischen sogar mit Local Motors zusammen, es nutzt dessen Community, um Visionen und Ideen für das Auto der Zukunft zu gewinnen.

Beide Projekte gehören aber eher in den Bereich der Marktforschung. An der Art und Weise, wie die Kernwertschöpfung, die Entwicklung bei den deutschen Autobauern organisiert und durchgeführt wird, ändern diese Experimente nichts.

☝ **f** 8⁺

Mitarbeiter zuerst: Warum Erfolg im Internetzeitalter von innen kommt

Die bisher in diesem Kapitel beschriebenen Beispiele haben deutlich gemacht, wie und warum die Grundprinzipien des Managements by Internet – Vernetzung, Offenheit, Partizipation und Agilität – DIE Erfolgsfaktoren des 21. Jahrhunderts sind. Und was Manager von jenen lernen können, die das begriffen haben und es umsetzen.

Diese Faktoren wirken nicht nur nach außen. Sie führen nicht nur dadurch zum Erfolg, dass sich Local Motors mit Entwicklern auf der ganzen Welt vernetzen oder dass Amanda Palmer das Geld für die Produktion ihrer neuen CD via Internet von ihren Fans besorgen oder ein Wissenschaftler oder ein Designer sein Projekt über entsprechende Webplattformen von Internetnutzern finanzieren lassen kann.

Mindestens genauso mächtig sind die Prinzipien des Internets in ihrer Wirkung nach innen. Und deshalb ist es so wichtig, Offenheit und Partizipation auch im Inneren zu praktizieren. Die Internetgeneration erwartet das – und viele andere Menschen inzwischen auch. Denn genauso wie die meisten Mitarbeiter heute bei ihrer Mediennutzung nicht mehr penibel zwischen Privatem und Beruflichem unterscheiden, genauso wie es keinen Unterschied mehr gibt zwischen Privatmeinung und Jobmeinung, genauso löst sich auch in den Unternehmensstrukturen der Unterschied zwischen Innen und Außen immer mehr auf: Das Äußere – also zum Beispiel der Stil des Kontakts zum Kunden – sollte der Spiegel des Innenlebens einer Firma sein und umgekehrt. Denn wenn die Mitarbeiter chronisch schlechte Laune haben, dann merken das die Kunden. Wenn ein Mitarbeiter demotiviert ist, dann wird er sich kaum mit Begeisterung um das Anliegen eines Kunden kümmern.

Dass es auch anders geht, möchte ich anhand von drei Unternehmen zeigen, deren Arbeitsweise man zusammenfassend mit jener Losung beschreiben kann, die der indische Manager und Buchautor

Vineet Nayar, Gewinner des LIDA Awards 2011, geprägt hat: „Employees first, customers second", also Mitarbeiter zuerst, Kunden danach.

Und wir haben es hier keineswegs mit einer dekorativen Marketingkampagne zu tun, nicht mit einem Motto aus einer Sonntagsrede, das Manager vor sich hertragen, während sie sich in Wahrheit auf ganz andere Dinge konzentrieren. Vineet Nayar war über 20 Jahre Manager beim indischen Computerriesen HCL, und er hat bewiesen, dass seine Losung messbaren Erfolg bringt, dass sie in der Lage ist, ein schlingerndes Schiff wieder auf Kurs zu bringen.

HCL ist mein erstes Beispiel, das zweite heißt Zappos. Der Online-Händler aus Henderson, Nevada, befolgt die HCL-Losung im Grunde noch konsequenter. Hier lautet das Motto „Delivering Happiness", also Glücksgefühle liefern. Adressaten sind sowohl die Mitarbeiter als auch die Kunden.

Das dritte Beispiel ist Netflix, ein Unternehmen aus Kalifornien, das seinen etwa 40 Millionen Abonnenten Spielfilme via Internet direkt ins Wohnzimmer schickt. Die von Netflix selbst produzierte Serie „House of Cards" wurde im Juli 2013 als erste ausschließlich via Internet verbreitete Serie überhaupt bei den renommierten Emmy Awards ausgezeichnet.

Und das ist längst nicht das einzig Bemerkenswerte an diesem Unternehmen: Netflix zeigt uns, dass es mit der richtigen Philosophie möglich ist, einen ganzen Markt aufzurollen, Regeln, die alle für unumstößlich hielten, neu zu definieren und damit zum Vorbild für andere zu werden – zum Beispiel für den deutschen Pay-TV-Anbieter Sky.

Alle drei Unternehmen verstehen es, in ihren Märkten Erfolg zu haben, weil sie ihre Angestellten in den Mittelpunkt stellen. „Glückliche Mitarbeiter sind der Schlüssel zu glücklichen Kunden" lautet die dahinterstehende Philosophie. Diesen Unternehmen gelingt es außerdem besonders gut, Menschen aus der Internetgeneration für sich zu begeistern.

Was es dazu braucht? Eine Kultur der Freiheit und der Verantwortung; viel Kommunikation und Respekt voreinander. Welche Werte ein Unternehmen lebt, zeigt sich nach Ansicht des Netflix-Managements vor allem daran, welche Mitarbeiter ausgezeichnet und gefördert werden und welche man gehen lässt. Belohnt werden sollen dabei nicht nur Fähigkeiten, sondern immer auch soziale Kompetenz. Diese Denkweise entspricht voll und ganz meiner Auffassung. Wie steht es in den Firmengrundsätzen von Netflix: „Du hörst gut zu und reagierst nicht übereilt, so verstehst du dein Gegenüber besser."

HCL und Vineet Nayar: „Mein Job ist es, dafür zu sorgen, dass alle die Dinge, die sie tun, auch gut machen."[24]

HCL ist ein Traditionsunternehmen der indischen IT-Branche und seit den 1970er-Jahren im internationalen Markt tätig. Ursprünglich ein Hardwarehersteller, hatte es das Unternehmen versäumt, rechtzeitig in den Software- und IT-Servicemarkt einzusteigen. In den 1990er-Jahren verschärfte sich die Situation: Die Strategie, weiter auf technologische Innovationen zu setzen statt auf das Dienstleistungsgeschäft, wurde zur ernsten Gefahr für die mittel- und langfristigen Wachstumschancen des Unternehmens und frustrierte die Mitarbeiter zunehmend. Untrügliches Zeichen dafür war die – sogar für indische Verhältnisse – extrem hohe Fluktuationsrate von 30 Prozent. Bei HCL zu arbeiten war bei jungen Leuten schlicht nicht mehr angesagt.

Zu jener Zeit, 1992, dachte auch der junge Manager Vineet Nayar darüber nach, HCL den Rücken zu kehren und sein eigenes Unternehmen zu gründen. In dieser Situation bot Shiv Nadar, Gründer und damals Vorstandschef von HCL, Vineet die Möglichkeit, eine neue 100-Prozent-Tochter des Unternehmens zu führen. Vineet

---

24. Bryant, Adam: „He's not Bill Gates, or Fred Astaire"; *The New York Times*, 13.02.2010.

Nayar griff zu – zum Glück für ihn. Und vor allem zum Glück für HCL, wie sich bald herausstellen sollte.

Nayar entwickelte das ihm anvertraute Unternehmen Comnet in kurzer Zeit zum innovativsten und erfolgreichsten Business der HCL-Familie, wodurch er sich nachdrücklich für höhere Aufgaben empfahl.

Diese kamen 2005 auf ihn zu, Vineet Nayar wurde Präsident von HCL Technologies. Kurz nachdem er angetreten war, rief er das gesamte Senior Management Team zu einem dreitägigen Meeting zusammen und legte dabei den Grundstein für die zukünftige Ausrichtung von HCL. „Qualität statt Masse, Menschen statt Prozesse", so lautete vereinfacht die neue Strategie.[25] Statt sich mit kleinen Kundenprojekten über Wasser zu halten, wollte HCL sein Geld in Zukunft mit integrierten Servicepaketen verdienen. Voraussetzung dafür war, die hoch spezialisierten Einheiten des global agierenden Unternehmens stärker zu vernetzen und für eine gemeinsame Identität zu sorgen. Nur so konnte es gelingen, davon war Vineet Nayar überzeugt, die hohe Fluktuationsrate zu senken.

Die Komplexität der Aufgabe erforderte eine grundlegende Veränderung des Unternehmens. In einem ersten Schritt passte Nayar die Unternehmensstruktur der neuen Zielrichtung an. Anstelle der an der Geografie ausgerichteten Struktur organisierte er das Unternehmen entlang der sogenannten „Lines of Business": Anwendungen, Beratung, Technologie, Infrastruktur und Kapitalmarkt. Außerdem baute er eine Multi-Service-Einheit auf, in der er die 200 besten Ingenieure seines Unternehmens mit dem Ziel versammelte, große Aufträge zu gewinnen.

---

25. Gajulapalli, Ravindra S. und Kamalini Ramdas: *HCL Technology: Employees first, Customers Second*. Darden Business Publishing, Charlottesville 2008.

⟳ **f** 8⁺

„Mitarbeiter zuerst, Kunden danach" –
Die Geburt einer Revolution

Und schließlich – das war der entscheidende Schritt – sammelte Vineet Nayar etwa 30 junge Kreative um sich. Sie sollten eine interne PR-Kampagne zur Aktivierung und Motivation der Mitarbeiter erdenken. Natürlich war und ist es für niemanden eine wirklich neue Erkenntnis, dass die Mitarbeiter mit ihrem Wissen, ihren Talenten und ihrer Kreativität der Schlüssel zum Erfolg eines jeden Unternehmens sind. Doch die wenigsten Firmen orientieren sich tatsächlich an dieser Erkenntnis, die meisten schreiben sie lediglich in irgendwelche Broschüren oder verkünden sie auf Weihnachtsfeiern – anders bei HCL. Vineet Nayar verfolgte mit aller Konsequenz seine Formel „Mitarbeiter zuerst, Kunden danach" mit dem Ziel, die Arbeitszufriedenheit der Angestellten zur Basis des Unternehmenserfolgs zu machen. Entstanden ist daraus eine komplette Managementtheorie, die er in einem sehr erfolgreichen Buch niedergeschrieben hat.[26] Im Zentrum dieser Theorie stehen Begriffe, von denen schon die Rede war: Vernetzung, Offenheit und Partizipation. Mit Vineet habe ich viele Gespräche rund um die Frage geführt, wie denn heutzutage gute Führung aussehen muss und welche Schritte auf dem Weg dorthin wichtig sind.

---

26. Nayaar, Vineet: *Zuerst der Mitarbeiter, dann der Kunde: Stellen Sie das konventionelle Management auf den Kopf.* Wiley-VCH, Weinheim 2013.

Interview mit Vineet Nayar, CEO, Buchautor und LIDA-Gewinner:

„Ursache für Erfolg und Wachstum können prinzipiell nur Mitarbeiter und ihre Qualitäten sein."

Willms Buhse: Sie haben einmal gesagt, Manager sollten heute in erster Linie Dienstleister ihrer Mitarbeiter sein. Was bedeutet das in der Praxis?

Vineet Nayar: Wer schafft in einem Unternehmen Werte? Die Mitarbeiter. Und deshalb sollte es Kernaufgabe von Management und Führungskräften sein, die Mitarbeiter zu begeistern, zu ermutigen, ihnen eben dabei zu helfen, Werte zu schaffen. Damit sich das Unternehmen differenzieren, dadurch schneller wachsen kann als andere.

Wie schafft man ein solches Bewusstsein bei Managern?
Zunächst einmal muss sich die Erkenntnis durchsetzen, dass das Management den Mitarbeitern gegenüber ebenso rechenschaftspflichtig ist wie die Mitarbeiter gegenüber dem Management. In der Politik erwarten wir die gegenseitige Rechenschaft ganz automatisch. Wir erwarten, dass sich Politiker an ihre Versprechen und die Bürger sich an Regeln und Gesetze halten. Und dass beides kontrolliert und bei Bedarf sanktioniert wird, zum Beispiel indem ein schlechter Politiker abgewählt wird. Beide Seiten unterwerfen sich also demokratischen Prinzipien. In Unternehmen ist das anders: Sie werden in der Regel

autokratisch geführt, das Management ist den Mitarbeitern gegenüber nicht rechenschaftspflichtig. Warum eigentlich?

Wie kann man diese Rechenschaftspflicht in der Praxis durchsetzen?

Zunächst braucht es dazu eine Kultur des permanenten Feedbacks, und dieses Feedback sollte innerhalb des Unternehmens konsequent sichtbar gemacht werden. Bei HCL haben wir 2005 mit dem sogenannten 360-Grad-Feedback begonnen. Wir befragten 500 Manager und 77.000 Mitarbeiter über die Qualitäten unserer Führungskräfte und veröffentlichten die Ergebnisse für jeden Mitarbeiter sichtbar im Netz. Zu Beginn, als wir das ankündigten, hat außerhalb von HCL niemand geglaubt, dass wir diesen Plan wirklich umsetzen. Aber wir haben es getan.

Welche Folgen hatte das?

Vor allem die, dass wir sehr viel Erfolg hatten. In den Jahren 2008 bis 2010 waren wir trotz Rezession eines der wenigen florierenden Unternehmen der Branche. Obwohl wir in dieser Zeit kein neues Produkt, keine neuen Services und auch keine sensationellen Ideen hatten. Wir sind Jahr für Jahr gewachsen und haben neue Mitarbeiter eingestellt. Und der Hauptgrund dafür war tatsächlich, dass wir an die Bedeutung unserer Mitarbeiter geglaubt haben, dass wir deutlich gemacht haben, dass auch das Management den Mitarbeitern gegenüber in der Verantwortung steht. Zugleich haben wir auch sehr viel Verantwortung zurückgegeben, unseren Mitarbeitern etwas zugetraut.

Warum ist dieses Zutrauen so wichtig?

Weil die IT-Industrie – wie viele andere auch – eine Branche ist, in der von den Mitarbeitern alles abhängt. Sie können einerseits der limitierende Faktor sein, andererseits steckt in ihnen auch jenes Potenzial, das den Erfolg ausmacht. Manager haben deshalb genau zwei Möglichkeiten: Sie können darüber jammern, dass ihr Team unfähig ist – oder sie können systematisch nach den Stärken ihrer Leute suchen und sich diese Stärken zunutze machen. Ursache für Erfolg und Wachstum können prinzipiell nur Mitarbeiter und ihre Qualitäten sein.

Diese Erkenntnis sollte jeder Manager zum Mittelpunkt seiner Strategie machen.

Haben Sie wirklich die Hoffnung, dass sich diese Prinzipien global durchsetzen?

Ja, diese Hoffnung habe ich. Und zwar deshalb, weil es keine Alternative dazu gibt. Gute, junge talentierte Mitarbeiter sind heute doch fast überall knapp. Und die, die wir haben, sind ziemlich desillusioniert wegen Arbeitsbedingungen, die sie stark einengen in ihrem Tatendrang. Diese Entfremdung ist aber nicht nur ein Problem, sie ist auch eine große Chance. Weil sich dadurch etwas verändert. Weil die Unzufriedenheit auch dafür sorgt, dass Strukturen entstehen, die unsere jungen Mitarbeiter begeistern. Schließlich sind sie unsere Zukunft. Sie sind diejenigen, die die Probleme unseres Landes und die der ganzen Welt lösen müssen.

Wichtig für die Motivation war auch, dass die Ergebnisse des Rundum-Feedbacks keinen Einfluss auf das Einkommen der Bewerteten hatten, sondern mehr der persönlichen Weiterentwicklung dienten. So nahm Vineet Nayar den Mitarbeitern die Angst vor der Offenlegung der Bewertungen. Und natürlich dadurch, dass er als Erstes sein Feedback offenlegte.

5-Sterne-Service für das Personal

Doch das Intranet, das Firmennetzwerk, bot HCL noch weitere Möglichkeiten, um die Kommunikation zu verbessern und das Zusammengehörigkeitsgefühl zu steigern. So führte HCL für die Mitarbeiter ein „Ticketsystem" ein, das jenem, das IT-Dienstleister beim Kundenservice verwenden, stark ähnelt. Bei vielen Unternehmen sind Anfragen bei Technikproblemen an diese Art von Systemen verhasst, weil es in der Regel keine oder nur verspätete Rückmeldungen darauf gibt. Und so ein System auf die ganze Firma ausdehnen? Auf jedes erdenkliche Problem?

HCL hat bewiesen, dass es geht. Jeder Mitarbeiter kann bei Fragen, Problemen oder wenn er mit irgendetwas unzufrieden ist, ein „Ticket" eröffnen. Das bedeutet, dass er sich mit seinem Anliegen in Form eines standardisierten Verfahrens an jene Abteilung wendet, die es betrifft. Gibt es beispielsweise Probleme mit der Klimaanlage, wird ein Ticket an die Hausverwaltung eröffnet. Sobald dieser Prozess angestoßen ist, setzen die Betroffenen alles daran, das Problem zu lösen. Denn jede Abteilung muss sich auch daran messen lassen, wie schnell und erfolgreich sie solche Dinge aus der Welt schafft. Ziel ist eine Bearbeitungszeit von zwei Tagen. Ausschließlich der Mitarbeiter, der ein Ticket eröffnet hat, kann es auch wieder schließen. Will heißen: Wirklich gelöst ist das Problem erst, wenn der Betroffene dies bestätigt.

Wie dieses Ticketsystem das Arbeitsklima bei HCL verändert hat, beschreibt Vineet Nayar so: „Wir bieten einen 5-Sterne-Service und unsere Mitarbeiter gewöhnen sich natürlich daran. Auch deshalb fällt ihnen ein Wechsel zu anderen Firmen schwerer, besonders zu solchen, in denen sich ihre Probleme noch nicht einmal jemand anhört. Das bedeutet, dass wir unseren Mitarbeitern ein einzigartiges Umfeld bieten."[27]

Das Ticketsystem signalisiert den Mitarbeitern, dass die Organisation und ihre Führungskräfte ihnen dienen und nicht umgekehrt. Darüber hinaus nutzt das Management das Ticketsystem auch zur Qualitäts- und Kommunikationskontrolle. Veröffentlicht beispielsweise die Personalabteilung neue Richtlinien für was auch immer und steigt daraufhin die Anzahl der zu bearbeitenden Tickets deutlich an, dann war die Maßnahme entweder unbeliebt oder wurde schlecht kommuniziert oder beides. Bei HCL werden 97 Prozent aller Anfragen innerhalb von 24 Stunden beantwortet.

Der Chef antwortet selbst

Vineet Nayar legt großen Wert darauf, von den Mitarbeitern als Teil des Unternehmens wahrgenommen zu werden und nicht als Übervater, der hinter verschlossenen Türen einsame Entscheidungen fällt. Um die Mitarbeiter an seinen Gedanken teilhaben zu lassen, startete er ein wöchentliches Internet-Tagebuch. Bald stellte sich allerdings heraus, dass die Mitarbeiter viel mehr an der Lösung ihrer eigenen Probleme interessiert waren, sodass das Blog sozusagen kurzerhand die Richtung wechselte. Statt sich seinen Mitarbeitern mitzuteilen, beantwortete der Chef jetzt deren Fragen. Durchschnittlich erreichen ihn etwa 100 Fragen pro Woche, von denen er etwa 90 Prozent selbst beantwortet. Warum das natürlich nicht immer möglich ist, hat Nayar einmal so erklärt: „Wie kann ich die Antwort auf Fragen kennen, die etwas mit Kunden, Beziehungen, Technologien,

---

27. Zitiert nach: Birkinshaw, Julian; Crainer, Stuart und Michael Mol: „Employees First", in: *Business Strategy Review*, Vol. 18, Nr. 01/2007, S. 82–87.

⟲ f g⁺

Lösungen, Ländern und Büros zu tun haben, zu denen ich keinen direkten Kontakt habe?" Insgesamt beschäftigt er sich circa sieben Stunden pro Woche mit Online-Kommunikation.

Vertrauensbonus statt Prämien

In der IT-Branche ist es üblich, 30 Prozent des Einkommens erfolgsabhängig zu bezahlen, das heißt, an den Erfolg des Unternehmens zu koppeln. Vineet Nayar entschied sich allerdings dazu, fixe Gehälter zu bezahlen. Weil er es für unangemessen hielt, das Einkommen zum Beispiel eines Softwareingenieurs von der Gesamtperformance des Unternehmens abhängig zu machen, auf die er nur sehr geringen Einfluss hat. Stattdessen gibt es bei HCL die sogenannte Vertrauensbezahlung. Das bedeutet, dass alle so bezahlt werden, als hätten sie sich die Prämie für besondere Leistungen verdient. Vertrauensbezahlung heißt das System deshalb, weil es ohne nervige Zielvereinbarungen von der Annahme ausgeht, dass alle Mitarbeiter ohnehin stets ihr Bestes geben. Das Unternehmen vertraut ihnen schlicht.

Natürlich stellte sich bei HCL die Frage, wie Mitarbeiter auch ohne individuelle Erfolgsprämien dazu motiviert werden konnten, Mehrwert für ihre Kunden zu schaffen, alles für den Erfolg zu geben. Die Lösung: Der Kunde sollte entscheiden. Sobald ein Mitarbeiter den Eindruck hat, für den Kunden mehr erreicht zu haben als vertraglich vereinbart, beispielsweise eine unerwartete Kostenersparnis oder eine gesteigerte Leistung seiner Computersysteme, vermerkt er dies auf einer dafür vorgesehenen Webseite. Der Kunde bekommt diesen Eintrag zu sehen und bewertet auf einer Skala von eins bis fünf Punkten, wie viel Mehrwert ihm das Beschriebene gebracht hat. Am Ende des Quartals werden die „Innovationspunkte" zusammengezählt und können in Prämien, beispielsweise Reisen, umgewandelt werden. Dieses Mehrwert-Bonussystem hat vor allem einen symbolischen Wert. Auswirkungen auf das Gehalt soll es ganz bewusst deshalb nicht haben, weil die Einschätzung des Kunden natürlich einigermaßen subjektiv ist.

Was „Mitarbeiter zuerst" gebracht hat

Dass das Konzept bei den Mitarbeitern viel Zustimmung fand, versteht sich von selbst. Aber weil neben dem Betriebsklima die Zahlen deutlich besser wurden, waren auch die Controller und Analysten zufrieden: Zwischen dem Geschäftsjahr 2005/2006 und dem Geschäftsjahr 2008/2009 war die Belegschaft um 66 Prozent gewachsen, der Umsatz um 123 Prozent und der Gewinn um 45 Prozent. Zugleich sank die Mitarbeiterfluktuation um 29 Prozent. Im Jahr 2006 hatte HCL den kleinsten Pro-Kopf-Umsatz aller großen indischen IT-Unternehmen, 2011 den größten.[28]

Heute beschäftigt das Unternehmen 85.000 Menschen und wurde als „Bester Arbeitgeber in Indien" ausgezeichnet. Die Zeitschrift *Businessweek* bezeichnete HCL als „eines der einflussreichsten Unternehmen der Welt" und *Fortune* formulierte, HCL habe das „weltweit modernste Management".

Für Nayar, bis Anfang 2013 CEO bei HCL, war die wichtigste Erkenntnis aus der von ihm angestoßenen Revolution, dass das ganze Unternehmen floriert, wenn die Mitarbeiter motiviert sind und einen guten Job machen.[29] Und wenn sie stolz sind auf den eigenen Laden. Jeder Manager, findet Nayar, sollte sich folgende Frage stellen: „Würden die Kinder meiner Mitarbeiter in einem Unternehmen wie unserem arbeiten wollen?"

Wer, wenn nicht er, hat den LIDA Award verdient?

---

28. http://en.wikipedia.org/wiki/HCL_Technologies
29. Nayar, Vineet: „Employees First, Customers Second", *Financial Times*, 18.06.2010.

Zappos: Wir liefern Glücksgefühle

Wenn es um die Qualität des Kundenservices geht, findet sich der Versandhändler Zappos in sämtlichen US-Untersuchungen regelmäßig unter den Top 5. Wie die Firma das hinkriegt, habe ich mir selbst auf einer Recherche-Reise vor Ort in Henderson, Nevada, angesehen. Zappos lebt im Prinzip von denselben Überzeugungen wie HCL, nur dass es die „Mitarbeiter zuerst, Kunden danach"-Losung amerikanischer, mehr start-up-mäßig interpretiert. Das Zappos-Motto lautet „Delivering Happiness", und zwar für alle Beteiligten, nicht nur für die Topmanager und die Aktionäre, sondern auch und vor allem für die Kunden und Mitarbeiter.

Spezialisiert ist der Versender auf Schuhe und andere Modeartikel. Er wuchs seit der Gründung 1999 kontinuierlich und beschäftigt heute mehr als 1.500 Mitarbeiter. 2009 kaufte Amazon Zappos für circa 900 Millionen Euro.[30] Nicht wegen des Umsatzes, sondern wegen der Firmenkultur.

Hinter der Glückslosung steht die Überzeugung, dass nur zufriedene Mitarbeiter auch ihre Kunden zufriedenstellen können. Deshalb bemüht sich das Unternehmen intensiv darum, dass es den Angestellten gut geht. Ein Beispiel: Wenn ein Mitarbeiter ein Problem hat, egal ob es sein Privatleben betrifft oder den Job, und sein direkter Vorgesetzter bemerkt dies nicht, dann wird dieser Vorgesetzte dafür zur Rechenschaft gezogen. Das heißt, die Aufgabe des mittleren Managements besteht vor allem darin, dafür zu sorgen, dass es den Beschäftigten gut geht, damit sie gute Arbeit leisten können. Denn wenn jemand Wut im Bauch hat oder frustriert ist, wird er kaum ein positives Kundengespräch führen.

---

30. http://en.wikipedia.org/wiki/Zappos.com

„Vorne die Arbeit, hinten die Party"

Ziel ist es schlicht, dass sich die Mitarbeiter in „ihrer" Firma so wohl wie möglich fühlen. Dazu gehören auch viele Freiheiten. Jeder Arbeitnehmer bei Zappos kann sich seinen Arbeitsplatz so einrichten, wie er es möchte. In der Personalabteilung habe ich den Satz gelesen: „Business in the front, party in the back." Und diese Stimmung strahlt die Firma aus, das ist deutlich zu spüren, wenn man durch die Büros läuft. Die Mitarbeiter haben fast immer gute Laune, sind unheimlich offen und freundlich und auch Besucher fühlen sich sofort wohl.

Die Übernahme durch Amazon hat keinerlei Einfluss auf das Arbeitsklima gehabt. Denn Amazon hat sehr schnell klargestellt, dass es zwar natürlich mit Zappos Geld verdienen möchte, dass es dazu aber auf keinen Fall die Amazon-Firmenkultur eins zu eins auf das neue Tochterunternehmen übertragen wird. Zappos, sagt Amazon, habe es ja unter anderem gerade wegen seiner Kultur gekauft.

Und Amazon kann davon durchaus lernen. Ein Beispiel: Wenn ich bei Zappos Schuhe bestelle, kann es passieren, dass ich – einfach so – eine Expresslieferung ohne Aufpreis bekomme. Dass die Schuhe also nicht in drei Tagen, sondern schon am kommenden Tag da sind. Zappos nennt das die „Wow-Erfahrung" für die Kunden. Dazu gehört auch, dass sich die Mitarbeiter für jeden, der im Kundencenter anruft, richtig Zeit nehmen.

Acht Stunden telefonieren mit dem Callcenter

Radikale Kundenorientierung ist aus meiner Sicht auch ein Trend, der eng mit dem Internet verbunden ist. Denn schließlich würden die Kunden jede Negativerfahrung in kürzester Zeit mit anderen teilen. Zappos ist an dieser Stelle unglaublich konsequent. Das längste Telefonat, das in seinem Callcenter je geführt wurde, dauerte acht Stunden. Acht Stunden lang ist dort ein Kunde darüber beraten worden, welche Schuhe er am besten zu welchem Zweck anziehen sollte. Die einzige Frage, die der Chef dem Mitarbeiter anschließend gestellt hat, war: „Hast du eigentlich zwischendurch eine Pause gemacht?"

Bei Zappos hat auch schon mal jemand angerufen und gesagt: Mensch, ich habe in der und der Fernsehserie Schuhe gesehen, die sahen so und so aus und die würde ich für mein Leben gerne kaufen. Der Mitarbeiter im Callcenter hat dann alle Hebel in Bewegung gesetzt, um herauszufinden, welche Schuhe das genau waren. Er hat sich zusammen mit dem Kunden online den Ausschnitt im Film angesehen und unzählige andere Quellen studiert, bis sich das Gesuchte fand. Allerdings hatte Zappos die Schuhe nicht im Programm. Also hat der Callcenter-Mitarbeiter gemeinsam mit dem Kunden die Online-Shops der Konkurrenten abgesurft und so lange gesucht, bis er dort irgendwo den gewünschten Schuh fand und der Kunde ihn dort kaufen konnte.

Ich finde, dass diese Geschichte die Philosophie des Unternehmens sehr schön illustriert: Ziel ist es nicht, möglichst schnell ein Geschäft zu machen, sondern es geht mit aller Konsequenz darum, den Kunden zufriedenzustellen.

Man kann davon ausgehen, dass Kunden, denen wie beschrieben geholfen wurde, wieder bei Zappos anrufen werden. Natürlich verdient das Unternehmen mit solchen Calls kein Geld, zahlt sogar im Einzelfall eher drauf. Aber das fällt nicht wirklich ins Gewicht, denn der Großteil der Bestellungen läuft ja direkt über den Online-Shop und produziert bei Zappos gar keinen Beratungsaufwand. Aber wenn ein Kunde telefonische Beratung wünscht, dann soll er die bestmögliche bekommen. Das geschieht natürlich auch, weil dieser Kunde das Wow-Erlebnis weitererzählt – online und offline. Und in Zeiten, in denen der nächste Shop nur einen Klick entfernt ist, spielt Image eine überragende Rolle.

„Ideenmanagement? Was meinst du damit?"

Ein Mitglied des Managementteams habe ich gefragt: „Wie läuft bei euch eigentlich Ideenmanagement ab?" Mein Gesprächspartner hat die Frage überhaupt nicht verstanden. „Ideenmanagement? Was meinst du damit?" Ich: „Na ja, wenn ein Mitarbeiter eine Idee hat und sie umsetzen will, welcher Prozess läuft dann ab?" Antwort: „Was meinst du mit Prozess? Wer eine gute Idee hat, also zum Beispiel auf ein neues Produkt kommt, das wir verkaufen könnten, der überzeugt ein bis zwei andere davon, und dann legen sie los." Der Ideengeber wird also quasi automatisch zur Führungsfigur. Und was anschließend bei Zappos abläuft, ist ein komplett prozessloser Prozess. All das macht Zappos als Arbeitgeber natürlich enorm beliebt, das Unternehmen bekommt dauerhaft extrem viele Bewerbungen – manchmal für eine ausgeschriebene Stelle mehr als 120 an einem einzigen Tag. Wie lautet doch ein weiterer Spruch, mit dem sich die Firma schmückt: „Es ist schwieriger, bei Zappos genommen zu werden als in Harvard."

Zappos hat seit seiner Gründung eine atemberaubende Erfolgsgeschichte hingelegt. 2002, drei Jahre nach dem Start, erklärten die Gründer, bis 2010 wollten sie die Marke von einer Milliarde Dollar Umsatz geknackt haben. Diesen Wert erreichte Zappos bereits 2008, also zwei Jahre früher als geplant.

Doch auf diesen Fortschritten ruht sich Zappos nicht aus. Gerade ist das Unternehmen dabei, sich weiter und noch radikaler umzuorganisieren, indem es nun komplett auf Jobtitel und Manager verzichten will, um sich dadurch noch effektiver von Abteilungsdenke und lähmenden Hierarchien zu verabschieden und um dadurch noch näher am Kunden zu sein.

Netflix: „It's the Creatives, Stupid!"

Das dritte Beispiel dafür, wie Unternehmen auch deshalb großen Erfolg haben, weil sie die Regeln und die Chancen des Internets im

Wortsinn verinnerlicht haben, ist Netflix. Dessen Macher sind, ohne jede Übertreibung, dabei, einen ganzen Markt aufzurollen und Regeln neu zu definieren, die viele in der Branche noch vor Kurzem für ewige Wahrheiten hielten. Spätestens mit der Vergabe der renommierten Emmy Awards – der Oscars für TV-Produktionen sozusagen – im Juli 2013 wurde Netflix auch einem breiten Publikum außerhalb der USA bekannt. „House of Cards", die höchst erfolgreiche Serie über einen US-Politiker aus der zweiten Reihe und seine Machenschaften, wurde dreimal ausgezeichnet – unter anderem für die beste Regie. Das Besondere daran war, dass zum ersten Mal eine Serie prämiert worden war, die nie im Fernsehen gelaufen ist ... oder jedenfalls nicht in der alten Flimmerkiste, die wir alle kennen. Denn Netflix ist ein Internet-Streamingdienst. Seine weltweit fast 40 Millionen Abonnenten beziehen die bewegten Bilder über leistungsfähige Internetleitungen. Netflix „sendet" also nicht im herkömmlichen Sinne, sondern verschickt Datenpakete. Ankommen und sich wieder in Filme verwandeln können diese Pakete auf den unterschiedlichsten Geräten: auf Computern natürlich, DVD-Playern, Spielekonsolen und – hier schließt sich der Kreis – zumindest in den USA auch auf neueren Fernsehgeräten. Viele von ihnen verfügen über die entsprechenden Anschlüsse.

Netflix bietet seine Filme als Flatrate an, für 7,99 Dollar monatlich können die Kunden sich so viel ansehen, wie sie wollen. Nach Schätzungen von Experten ist der Netflix-Content an einem normalen Abend für circa ein Drittel aller Daten verantwortlich, die in Nordamerika durchs Internet geschickt werden. Damit produziert Netflix deutlich mehr Datentraffic als YouTube.[31]

Egal, auf welchen Geräten sie sich die Bilder anschauen, entscheidend ist für Netflix-Chef Reed Hastings, dass die Kunden entscheiden können, wann sie sich was ansehen wollen. Hastings ist davon über-

31. http://mashable.com/2013/11/12/internet-traffic-downstream/

zeugt, dass sein Konzept die TV-Landschaft verändern wird: TV, Internet, Kino – alles wächst zusammen. Es komme darauf an, gute Geschichten zu erzählen, egal auf welchem Kanal.

Kevin Spacey, Oscar-Preisträger und Hauptdarsteller in „House of Cards", hat einmal gesagt, Netflix habe jene Lektion gelernt, die die Musikindustrie nicht lernen wollte: Gib den Menschen, was sie sich wünschen, und gib es ihnen zu einem vernünftigen Preis.

Damit trifft er es meiner Ansicht nach genau. Außerdem leidet die Filmindustrie, auch das eine Parallele zu Plattenlabels, unter verkrusteten Strukturen und unter extremer Risikoscheu. Zum Beispiel produzieren und senden die US-Sender vor jeder Serie erst einen Pilotfilm, mit dem sie testen, ob sich der Aufwand für das Abdrehen einer ganzen Serie lohnt. Netflix verzichtete bei „House of Cards" darauf. Möglich sind solche Entscheidungen auch deshalb, weil das Unternehmen eine Führungs- und Unternehmenskultur hat, die Experimente und ihr Scheitern nicht automatisch als Katastrophe begreift.

Netflix gelingt es, gute Inhalte in einer Form zu verbreiten, die den sich rapide ändernden Sehgewohnheiten und Wünschen der Zuschauer entspricht. Studios und TV-Sender, die das nicht verstehen, werden sicher in den kommenden Jahren Probleme bekommen.

„Das bisher wichtigste Dokument aus Silicon Valley"

Und wer eine neue Form des Erzählens will, der muss eben selbst etwas produzieren. Netflix hat hier den Trend gesetzt. Blockbuster, ein ehemaliger Konkurrent und früher die größte Videothekenkette der Welt, hat diese Lektion nicht begriffen und auch viele andere Gelegenheiten verstreichen lassen, sich und das eigene Geschäftsmodell zu erneuern. Erfolgreiche Netflix-Konkurrenten wie Hulu und Amazon dagegen setzen ebenfalls immer stärker auf Eigenes, und auch der deutsche Pay-TV-Sender Sky hat im Sommer 2013 angekündigt, in die Eigenproduktion einzusteigen. Mehr Filme und Serien bedeuten mehr Arbeit für mehr talentierte Fernsehmacher. Und eigener Content bedeutet, zusätzliches Geld zu verdienen. Allein die Ausstrahlung von „House of Cards" soll Netflix drei Millionen zusätzliche Abonnenten gebracht haben. Wobei – auch das eine revolutionäre Änderung der Branchen-Usancen – durch das Flatrate-Konzept die Bedeutung der Zuschauerquote bei jedem einzelnen Film sinkt. Hauptsache, die Zuschauer mögen das Gesamtpaket. Wenn aber die Kreativen bei ihrer Arbeit weder ausschließlich auf die Quote schielen noch sich dauernd die Frage stellen müssen, ob sich das, was sie da gerade produzieren, auch optimal als Werbeumfeld für irgendein Produkt eignet, dann ist dies der Qualität der Filme sicher nicht abträglich.

Aber Netflix betont die Bedeutung von Talent nicht nur beim Blick auf die Branche, sondern auch intern. Das Geheimnis hinter der Wandlungsfähigkeit des Unternehmens und seiner Fähigkeit, radikale, neue Ideen zu formulieren und erfolgreich umzusetzen, ist seine sehr spezielle Firmenkultur. Die Grundsätze sind in einer Präsentation auf 126 Seiten niedergeschrieben. Sheryl Sandberg, neben Mark Zuckerberg auch im Vorstand von Facebook, hat dieses Manifest einmal als das „bislang wichtigste Dokument aus dem Silicon Valley" bezeichnet.[32]

Zusammenfassend kann man sagen, dass Netflix sehr große Freiheiten seiner Angestellten mit dem ständigen Anspruch auf Höchstleistung verbindet. Und gleichzeitig eine Kultur entwickelt hat, die Fehler als unvermeidlichen Teil eines jeden kreativen Prozesses begreift.

Das Unternehmen sucht sich die besten Leute, die es finden kann, bezahlt sie gut und gibt ihnen dann die Freiheit, ihr eigenes Urteilsvermögen zu nutzen, statt sich an kleinliche Vorschriften halten zu

---

32. http://www.businessinsider.com/netflixs-management-and-culture-presentation-2013-2

müssen. Für den Umgang mit Spesen auf Dienstreisen gilt schlicht der Grundsatz: Gib nicht mehr aus, als du es von deinem eigenen Geld tun würdest. Auch die Arbeitszeit ist nicht exakt festgelegt, hier – wie auch an anderer Stelle – gilt der Grundsatz: Handele immer im besten Interesse von Netflix. Viele der formulierten Grundsätze drehen sich um das Miteinander. Ausdrücklich heißt es, dass man an Mitarbeitern sowohl Fähigkeiten als auch soziales Verhalten schätzt. „Du behandelst Menschen mit Respekt, und das unabhängig von ihrem sozialen Status oder der Tatsache, dass sie anderer Meinung sind als du." Oder: „Du sagst, was du denkst, selbst wenn es zu Kontroversen führt." Aber auch: „Du bist schnell darin, Fehler zuzugeben."

Alle reden von Fehlerkultur – aber Fehler zulassen will niemand

Generell spielt die Frage, wie eine Organisation im Bedarfsfall mit Fehlern umgeht, bei Netflix eine zentrale Rolle. Der Fokus liegt dabei auf „Rapid Recovery", auf der schnellen Korrektur. Fehler möglichst schnell zu erkennen und umgehend zu korrigieren ist wichtiger als der Versuch, Methoden zu entwickeln, um Fehler grundsätzlich zu vermeiden. Jedenfalls gilt das für die Branche, zu der Netflix gehört. Dessen CEO Reed Hastings sagte einmal: „Wir bewegen uns in einem kreativen Erfinder-Marktumfeld, nicht in einem sicherheitskritischen Umfeld wie Medizin oder Atomenergie. Viele denken, Fehler zu verhindern sei billiger, als sie zu korrigieren. Das stimmt, aber nur in der Produktion oder der Medizin, nicht aber in der Kreativindustrie."

In sicherheitskritischen Branchen gilt es, zwischen für das Unternehmen lebensgefährlichen und nicht lebensgefährlichen Risiken zu unterscheiden. Natürlich muss ein Kreditkartenunternehmen schon im Vorfeld verhindern, dass die Kreditkartendaten ihrer Kunden gehackt werden. Und ein Hersteller von Airbags muss von Beginn an sicherstellen, dass sie fehlerfrei funktionieren. Zu dieser Vorsicht gehören auch alle rechtlichen Aspekte. Andererseits gibt es auch beim Airbag-Hersteller Prozesse, bei denen es besser und billiger – und völlig ausreichend – ist, eine Struktur zu schaffen, in der sich Fehler beheben lassen, sobald sie auftreten.

Erst recht gilt das für die Kreativindustrie: Wer hier innovativ sein will, muss Dinge ausprobieren. Manches klappt, anderes scheitert, nächster Versuch. Wie erfolgreich damit auch andere Unternehmen sind, habe ich bereits im Zusammenhang mit Google erzählt. Und wie heißt es doch in den Netflix-Grundsätzen: „You take smart risks" – Du gehst clevere Risiken ein.

Viele Unternehmen haben nichts zu verlieren

Mag sein, dass sich keines der drei Beispiele für jene innovative Kraft, die von innen kommt – HCL, Zappos und Netflix – eins zu eins auf andere Unternehmen übertragen lässt, vor allem nicht auf solche, die aus klassischen Industrien kommen und im Inneren eher traditionell geprägt sind. Und es mag auch sein, dass wirtschaftlicher Erfolg keine automatische Folge eines innovations- und menschenfreundlichen Arbeitsklimas ist. Er ist keine hinreichende Bedingung – aber auf jeden Fall eine notwendige.

Außerdem, wenn wir noch einmal an die im vorigen Kapitel zitierte Gallup-Studie denken: Viele Unternehmen, gerade in Deutschland, haben in puncto Mitarbeitermotivation und Arbeitsklima wenig bis gar nichts zu verlieren. Und das gilt erst recht, wenn es darum geht, die Potenziale der Internetgeneration zu nutzen. Also was spricht gegen ein wenig Risiko?

Bitcoins: Wie das Internet die mächtigste Branche der Welt bedroht

Man könnte natürlich auch mal umgekehrt fragen, was passiert, wenn eine ganze Branche das oben Beschriebene ignoriert, die Internetprinzipien Vernetzung, Offenheit, Partizipation und Agilität aus den unterschiedlichsten Gründen eben nicht lebt? Und wenn sich zugleich externe Konkurrenten anschicken, die erprobten Geschäftsmodelle dieser Branche mithilfe des Internets ruckartig aus den Angeln zu heben? Das jedenfalls ist genau das Szenario, das die Bankenbranche gerade erlebt.

In der Einleitung habe ich erzählt, wie ich in New York um die Jahrtausendwende den Niedergang der Musikindustrie miterlebte und welche Folgen die Digitalisierung auch für andere Branchen hat. Vordergründig betrachtet traf es dabei vor allem physische Produkte, die sich in Datenpakete verwandeln lassen. Bücher zum Beispiel und Filme werden heute – mit Bezahlung oder ohne – ebenso massenhaft durch die Leitung gepumpt wie Musik. Und natürlich veränderte sich mit dem Internet der gesamte Einzelhandel, Online-Bestellungen boomen, klassische Läden haben Probleme.

Weniger öffentliche Aufmerksamkeit erregt die Tatsache, dass das Internet auch den Handel mit Geld und den gesamten Zahlungsverkehr massiv verändert. Die Bankenbranche ist im Umbruch. Bedroht werden ihre Geschäftsmodelle vor allem durch Wettbewerber, die branchenfremd sind, aber mächtig, weil sie Aufmerksamkeit und viele Follower haben. Amazon gehört dazu und auch Google.

Die entscheidende Frage ist, wie die klassischen Geldinstitute auf diese neuen Konkurrenten und auf deren Ideen reagieren: etwa auf die einer rein digitalen und von keiner Regierung und keiner Bank legitimierten und kontrollierten Währung. Werden sie weiteres Vertrauen, von dem sie in den zurückliegenden Jahren schon so viel verloren haben, einbüßen? Werden sie, wie damals die Musikbranche, in zementierter Abwehrhaltung erstarren? Oder werden sie sich mutig und kreativ der Herausforderung stellen?

Besonders optimistisch bin ich dabei offen gesagt nicht. Wenn ich mir ansehe, wie die Branche mit dem Phänomen „digitale Währungen" umgeht, dann erkenne ich viele der Argumente wieder, die damals gegen MP3 und Napster vorgebracht wurden. Das gilt zum

Beispiel auch für die Diskussion um Bitcoins, die prominenteste und zukunftsträchtigste aller Internetwährungen.

Die Eurokrise führte zum Run auf Bitcoins

Als Erfinder der Bitcoins gilt Satoshi Nakamoto, über den fast nichts bekannt ist. Der Name ist vermutlich ein Pseudonym. Nakamoto formulierte die Idee einer kryptografischen Währung 2008. Das Bitcoin-Netzwerk selbst entstand am 3. Januar 2009 mit der Berechnung des ersten sogenannten Blocks, der die ersten 50 Bitcoins enthielt. Hergestellt wird so ein Block des virtuellen Geldes durch hochkomplexe Rechenoperationen, an denen sich jeder versuchen kann, der einen internetfähigen Computer und eine spezielle Software hat. Beim Kampf um den nächsten Block konkurrieren unzählige Teilnehmer, die über das Internet verbunden sind, miteinander. Wer die „Rechenaufgabe" als Erster löst, gewinnt. Der Konkurrenzkampf soll verhindern, dass sich das virtuelle Geld in wenigen Händen konzentriert.

Bitcoins können auf verschiedenen Online-Börsen gehandelt und dort auch in „richtiges" Geld getauscht werden. Einer dieser Marktplätze heißt schlicht bitcoin.de.

2012 waren die virtuellen Münzen nach einem Hackerangriff auf das Netzwerk zeitweise für ein paar Dollar zu haben. Im Januar 2013 kostete ein Bitcoin dann bereits etwa 15 Dollar – und ein beispielloser Run auf die Kryptowährung begann.

Von der Eurokrise verunsicherte Spanier und Zyprioten eröffneten zu Tausenden Bitcoin-Konten. Mit ihnen stürzten sich Computerfreaks, Bitcoin-Fans, Neugierige und Spekulanten in den Handel. Der Bitcoin-Kurs stieg auf über 260 Dollar, um dann Anfang April 2013 wieder spektakulär abzustürzen.

War hier eine Spekulationsblase geplatzt? Sicherlich. Trotzdem sind Bitcoins viel mehr als die verrückte Idee eines Haufen Nerds, mit der Spekulanten dann die schnelle Mark machen. Der Kurs der virtuellen Währung erholte sich im Laufe der Zeit wieder, denn immer mehr Menschen rund um die Welt glauben an sie und stecken reales Geld in die Bitcoins. Im Dezember 2013 war ein Bitcoin zeitweise mehr als 1.000 Dollar wert, bevor der Kurs im Februar 2014 nach technischen Problemen und einem weiteren Angriff unter 400 Dollar fiel. Die größte Handelsbörse für Bitcoins, die Webseite Mt. Gox, ging gar ganz vom Netz – mit dem Hinweis, dass es Unbekannten gelungen sei, Hunderttausende Bitcoins aus dem System zu stehlen. Dabei hinterließ sie etliche zornige Anleger, die nach dem Abtauchen von Mt. Gox nicht mehr an ihre dort gelagerten Bitcoins kamen. Wohlregulierten Anlegerschutz wie bei einem soliden Festgeldkonto bei einer etablierten Bank wird da mancher vermissen.

Doch unabhängig davon, wie hoch oder tief der Kurs gerade steht, wenn Sie diese Zeilen lesen, oder ob noch weitere Hacks und Börsenpleiten das System Bitcoins erschüttert haben: Wer das Phänomen Bitcoins unterschätzt, vergisst, welche disruptive Kraft in digitalen Neuerungen stecken kann, die am Anfang nicht viele verstehen. MP3 und Napster lassen grüßen.

Die Argumente, die ich heute von Banken höre, wenn von Bitcoins die Rede ist, sind denen der Labelbosse von damals nicht unähnlich: Die Währung diene vor allem zwielichtigen Geschäften wie dem Drogeneinkauf in einschlägigen Online-Shops, die Anbieter der Bitcoins seien (ebenso wie die Plattformanbieter zum Musiktausch es angeblich waren) zum größten Teil Verbrecher und die Qualität der Marktplätze unzureichend. Der Staat werde dieses Treiben schon irgendwie regulieren. Denn schließlich sei Geld (Musik) für die Menschen viel mehr als nur eine Datei – um nur einige Argumente aus der Bankenszene gegen das Phänomen Bitcoin zu zitieren.

Eine Fälschung von Bitcoins ist nahezu unmöglich

So kann man argumentieren, wenn man sich als Branche weigert, aus den Erfahrungen anderer zu lernen. Und wenn man die Vorteile der digitalen Währung ignorieren oder verschweigen möchte. Diese sind jedoch unübersehbar.

Erstens ist eine Fälschung von einzelnen Bitcoins nach einhelliger Ansicht von Experten durch den hohen Rechenaufwand, das komplexe Verschlüsselungsverfahren und die dezentrale Struktur nahezu unmöglich. Zweitens werden Zahlungen ebenfalls durch Berechnungen im Netzwerk ausgeführt und bestätigt, sodass sich deshalb mit einem System wie den Bitcoins weltweit Überweisungen durchführen lassen, ohne dass daran eine zentrale Kontrollstelle wie eine Bank beteiligt sein muss. Dieses Fehlen des Mittlers verringert die Kosten massiv. Dadurch fällt es mit diesem System deutlich leichter, auch sehr kleine Beträge bei Geschäften übers Internet abzurechnen. Drittens sind Zahlungen mit Bitcoins, wenn sie einmal „beglaubigt" sind, nicht mehr rückholbar. Auch das verringert die Kosten. Dokumentation und Nachverfolgung von Zahlungen sind teuer und den Aufwand geben die Banken an ihre Kunden weiter.

Ob sich Bitcoins als Währung wirklich durchsetzen oder ob das dahinterstehende Netzwerk wegen der vielen offenen Fragen irgendwann geschlossen wird und Geschichte ist, kann im Moment niemand sagen. Eines aber ist sicher: Die Bitcoins haben gezeigt, dass eine durch Netzwerke und komplizierte Codes abgesicherte digitale Währung eine Alternative zu staatlich gestützten Währungen sein kann.

Und die Tatsache, dass Bitcoins lange als Währung der Unterwelt galten, ist kein Argument gegen ihre Stabilität – im Gegenteil. Finanzexperten wie Nicholas Colas, Chief Market Strategist des Finanzsoftwareanbieters ConvergEx Group, betonen, dass gerade Drogenhändler in Gelddingen als besonders vorsichtig und konservativ gelten. „Wenn Drogendealer deine Währung benutzen, ist das ein Gütesiegel", sagt Colas. „Das sind Leute, die ihr Geld extrem ernst nehmen. Sie sind bei keiner Sache vorne dabei, um etwas auszuprobieren. Sie sind die konservativsten Leute auf dem Planeten."

Das bestärkt mich in meiner vor zehn Jahren in meiner Dissertation veröffentlichten These, dass auch die von den Behörden nicht zu kontrollierenden Internetservices im sogenannten Darknet eine Berechtigung haben, weil sie Marktbedürfnisse erfüllen. Auch wenn sie jenseits der Legalität operieren, sind viele dieser Services hochinnovativ und dienen als Impulsgeber für jene Mechanik, nach der später legale Dienste funktionieren. Apples iTunes-Marktplatz etwa verdankt Napster und Co konzeptionell und technologisch einiges.

Und in der aktuellen Debatte um die NSA-Affäre zeigt sich auch, dass die vielen Enthüllungen von Edward Snowden ohne die Existenz von Kommunikationskanälen wie dem Darknet, die nicht völlig unter der Kontrolle von Regierungen stehen, nicht möglich gewesen wären. Es ist also durchaus nicht per se etwas Schlechtes, wenn es Technologie- und Netzbereiche gibt, in denen im Verborgenen neue Konzepte und Technologien ausprobiert werden.

Die neue Währung ist für die Banken eine riesige Chance

Auch Bitcoins werden entweder selbst zu einer Erfolgsgeschichte und damit das Bezahlen neu definieren, oder sie inspirieren einen anderen Anbieter dazu, diese Rolle zu übernehmen. Vielleicht wird sogar ein Gerät entwickelt, das dazu beiträgt, dass wir alle schneller mit Bitcoins oder irgendeiner anderen digitalen Währung zahlen und handeln, als es uns jetzt vorstellbar erscheint – so wie Apples iPod erst den Konsum von MP3-Musik massentauglich machte.

Stellt sich die Frage, ob die Banken diesen Trend rechtzeitig erkennen und für sich nutzen oder ob sie abwarten und ihr altes Geschäftsmodell mit Zähnen und Klauen verteidigen, wie es um die Jahrtausendwende die Musikindustrie getan hat.

Die Ausgangslagen sind ähnlich. Für die Kreditwirtschaft birgt digitales Geld ebenso Gefahren wie zuvor Napster für die Musikindustrie. So bedrohen die Bitcoins das jahrhundertealte Monopol der Geldschöpfung, sie unterwandern das Geschäft mit teuren Überweisungen und das mit noch teureren Kreditkartenzahlungen. Auf der anderen Seite bieten die neuen Währungen auch riesige Chancen für Banken. Und diese sollten sie dringend beim Schopf fassen in einer Zeit, in der ihre Geschäftsmodelle längst von außen bedroht werden. Auch das ist eine bemerkenswerte Parallele zur Musikbranche: 1999, als Napster startete, war die Bedrohung des CD-Geschäfts durch MP3-Downloads längst sichtbar. Und heute, in Zeiten der Bitcoins, haben Dienstleister wie die Ebay-Tochter Paypal längst angefangen, den Old-Economy-Geldhäusern beim Online-Bezahlen das Wasser abzugraben.

Der Geldverkehr und das Bezahlen werden sich massiv verändern. Die Banken können wählen, ob sie Teil dieser Entwicklung sein und von ihr profitieren oder sie behindern wollen.

Ich weiß nicht, ob Bitcoins jemals ein dominierendes Zahlungsmittel sein werden. Sicher bin ich mir aber, dass wir in zehn Jahren das Bezahlen mit digitalem Geld über irgendeinen Anbieter als ebenso selbstverständlich betrachten werden wie heute das Musikhören mithilfe von MP3-Dateien. Darauf würde ich sogar wetten. Um zehn Bitcoins.

Im nächsten Kapitel werde ich mich – auch anhand der Bankenbranche – damit beschäftigen, wie Unternehmen und ganze Branchen effektiv die Diskussion um zukünftige Herausforderungen und den notwendigen innovativen Prozess anstoßen und das Management by Internet lernen können.

Doch zuvor noch eine kleine Kreativitätsübung: Schließen Sie die Augen und überlegen Sie, was die Bitcoins Ihrer Branche sein könnten. Welche Phänomene gibt es, die das Zeug haben, alles auf den Kopf zu stellen? Egal, wie wild Ihre Fantasie dazu ist: Wenn Sie es sich vorstellen können, dann programmiert es heute schon jemand.

KAPITEL 3

Feedback, Vernetzung, Dialog:
Wie die digitale Transformation
in Unternehmen gelingt

⟲ f 8⁺

Ich bin mir darüber im Klaren, dass es gewagt ist, einen Kulturwandel zu fordern, der infrage stellt, was jahrzehntelang die Arbeitsgrundlage der meisten Unternehmenslenker war.

Und ich weiß durch die unzähligen Veranstaltungen, die ich in Unternehmen durchgeführt habe, dass viele Mitarbeiter, vor allem die im mittleren Management, unter erheblichem Druck stehen. Sie müssen mit Sparrunden und häufigen Umstrukturierungen zurechtkommen, ihre Teams bei Laune halten und – ganz nebenbei – noch erstklassige Ergebnisse abliefern. Wie oft habe ich schon zu Beginn meiner Seminare und Projekte eine Aussage gehört, die regelmäßig ungefähr so lautete: „Herr Buhse, was Sie sagen und was Sie uns raten, ist bestimmt richtig und sehr nützlich, aber Sie haben einfach keine Vorstellung davon, was bei uns los ist. Wir schaffen doch schon unseren Alltagsjob, die Pflichtaufgaben, nicht. Wie sollen wir uns da Gedanken über digitale Transformation und Management by Internet machen?"

Diese Bemerkung beruht – unter anderem – auf einem Missverständnis. Doch bevor ich es aufkläre, möchte ich erst noch auf ein zweites zu sprechen kommen. Nicht wenige Menschen haben Angst vor den in diesem Buch beschriebenen Veränderungen, weil sie fürchten, dass sie nur von ihnen profitieren, quasi nur „mitmachen" können, wenn sie zuvor den Gebrauch gleich mehrerer Online-Werkzeuge, Social-Media- oder Vernetzungs-Tools erlernen. Und das ist absolut nicht der Fall. Ein Stück weit müssen Menschen digitale Kommunikationskanäle kennen und benutzen können – so wie die E-Mail heute selbstverständlicher Teil des Arbeitsalltags ist. Mehr technologische Sachkenntnis als jene, die für das Schreiben einer E-Mail notwendig ist, ist aber nicht erforderlich.

Notwendig ist lediglich, sich einmal für ein paar Stunden oder besser noch für ein paar Tage mit den Potenzialen des Internets zu beschäftigen. Mit der Frage, was denn Vernetzung tatsächlich bedeutet, wie Partizipation im Internet gelingt und warum das Netz uns an dieser Stelle Möglichkeiten bietet, die es ohne dieses revolutionäre Medium nie gegeben hätte.

Es geht eben nicht um noch mehr Technik, es geht ganz oft nur um eine bestechend einfache und ebenso geniale Idee – oder darum, Bestehendes mit neuen Mustern zu verbessern, Probleme auf eine neue, innovative Art und Weise zu lösen, statt sich mit klassischen Methoden an ihnen abzuarbeiten.

Der Weg ist das Ziel

Es ist ebenso ein Irrtum zu glauben, Management by Internet, also Vernetzung, Offenheit, Partizipation und Agilität als Prinzipien der Unternehmensführung, gelinge nur als großer Wurf. Der Einstieg in vernetzte Kommunikation und Zusammenarbeit erfordere zwingend die Installation teurer, komplizierter Softwareplattformen. Oder geplante Veränderungsprojekte müssten alle auf einmal und über Nacht umgesetzt werden. Oder noch schlimmer: über Jahre hinweg.

All das ist nicht der Fall, sondern die Losung lautet: Der Weg ist das Ziel. Dieser Spruch beschreibt sehr genau, worum es geht: anfangen, an einer – irgendeiner – schlauen Stelle.

Patentrezepte gibt es dabei nicht, auf der anderen Seite aber – ein wenig Experimentierfreude und Fehlertoleranz vorausgesetzt – auch kein total falsches Vorgehen. Gar nicht zu versuchen, Erfolgsmuster aus der digitalen Welt zu nutzen, ist viel schlimmer.

Es geht also nur Schritt für Schritt. Wer davon träumt, sein Unternehmen so schnell wie Google oder so schlank wie Local Motors aufzustellen, merkt schnell, dass es nicht möglich ist, mit einem Knall alles zu verändern. Außerdem wäre das in den meisten Fällen auch gar nicht wünschenswert.

Natürlich lässt sich nicht jedes Erfolgsmuster, das ich beschrieben habe, eins zu eins auf die eigene Firma übertragen. Online-Shops wie der von Zappos, die erst mit dem Internet entstanden sind, haben es natürlich leichter als traditionelle Händler, die Mieten zahlen und ihre Offline-Strukturen erst dem Internet anpassen müssen. Die Daimler AG mit ihrer aufwendigen, breiten Modellpalette kann und wird nie ihre Entwicklungsabteilungen schließen und so arbeiten wie Local Motors. Fast alle klassischen Branchen leiden unter robusten Sachzwängen, die den Einstieg in neue, webbasierte Geschäftsmodelle erschweren und die es auf den ersten Blick unmöglich machen, ins Management by Internet einzusteigen.

Neues ist nicht zwangsläufig besser als Altes

Und dann sind da ja auch noch die Mitarbeiter, auch jene, die sich deshalb schwertun mit dem Neuen, weil sie in einer Zeit aufgewachsen und in den Job eingestiegen sind, als es noch kein Internet gab, ja vielleicht noch nicht mal Computer auf den Schreibtischen standen. Die Herausforderung besteht darin, diese Menschen halten zu wollen – und sich zugleich der vom Internet geprägten Zukunft öffnen zu müssen.

Hinzu kommt: Neues ist keineswegs zwangsläufig und immer besser als Altes. Ein optimierter Produktionsprozess in einem modernen Werk lässt sich kaum noch verbessern. Und in extrem hoher Qualität effizient produzieren zu können, diese Fähigkeit ist in den meisten Unternehmen auf der Basis traditionellen Managements und klassischer Wertemuster entstanden. Erfolgreiche Firmen verdanken diesen Wertemustern viel, ein Großteil der Leistungen sprichwörtlicher deutscher Ingenieurskunst liegt darin, dass man auf konventionelle Weise das Erlernte immer weiter perfektioniert hat.

Aber auch Gutes und Erprobtes kann noch besser werden, zum Beispiel durch den Einsatz von Vernetzung, Offenheit, Partizipation und Agilität.

Aber dieser Einsatz sollte eben schrittweise erfolgen. Unternehmen müssen genau unterscheiden, wann und wo sie bei Bewährtem bleiben und wo sie sich verändern sollten. Meist liegt das Erfolgsrezept im austarierten Zusammenspiel zwischen Bewahren und

Verändern. Erleben konnte ich das einmal bei einem kriselnden Maschinenbauunternehmen, das ich beraten habe. Die Inhaberin – eine ältere Dame und Tochter des Firmengründers – setzte sehr auf klassische Führung mit viel Kontrolle und auf eine konservative Strategie. Ihr Vorstandschef dagegen wollte das Schiff eher durch Management by Internet und durch eine gewisse Risikobereitschaft wieder flottmachen. Wer recht hatte? Beide. Ohne die Vorsicht der Inhaberin wäre das Unternehmen vermutlich zu Beginn der Krise pleitegegangen und ohne die Offenheit des Vorstandschefs hätte es nicht so schnell neue Märkte erschlossen, nachdem das Schlimmste überstanden war.

Dass Kulturen manchmal hart aufeinanderprallen, wenn Menschen in zwei völlig unterschiedlichen Welten aufgewachsen sind, ist normal. Es kommt darauf an, mit den entstehenden Konflikten richtig umzugehen. Dass es grundsätzlich möglich ist, Brücken zu bauen und auch als klassisch geprägtes Unternehmen einen eigenen Weg der digitalen Transformation zu finden, habe ich in einigen spannenden Fällen hautnah miterlebt.

Davon möchte ich auf den folgenden Seiten berichten. Zuerst jedoch geht es um die Frage, mit welchen Instrumenten ein möglichst fruchtbarer und konstruktiver Dialog über die massiven Herausforderungen organisiert werden kann.

BarCamp, OpenSpace und FedExDay: Jenseits erprobter Misserfolgsrezepte

Wie ich im vorigen Kapitel anhand des Bitcoin-Phänomens erzählt habe, bedrohen neue Konkurrenten, die die Möglichkeiten des Internets konsequent für sich nutzen, das traditionelle Geschäft vieler traditioneller Branchen. Die Finanzindustrie ist eine von ihnen, die Bitcoins etwa stellen das Geschäft der Geldhäuser an gleich mehreren Stellen infrage: beim Online-Handel und seinen Bezahlfunktionen zum Beispiel und bei jedweder Form des mobilen Bezahlens.

⟳ **f** g⁺

Die Medienlandschaft befindet sich ebenfalls mitten in einem intensiven, durch die Digitalisierung und die weltweite Vernetzung ausgelösten Umbruch, bei dem sich neben den Gewohnheiten von Hörern und Lesern auch die Arbeitsweisen der Journalisten ändern. Was diese Branchen also brauchen, sind offene, möglichst motivierende Formen des Diskurses, um solchen Veränderungen angemessen zu begegnen.

Die allseits gefürchtete Meetingkultur leistet das nicht. Und eine Diskussionsrunde auf einem Verbandstag, bei der einige Experten auf dem Podium sitzen und jemand aus dem Publikum bestenfalls über ein knarzendes Mikrofon eine Zwischenfrage stellen darf, ebenfalls nicht. Im Gegenteil: Wer ganz sicher gehen will, dass ein Zusammentreffen von motivierten Mitarbeitern und klugen Köpfen möglichst wenig Produktives hervorbringt, kann sich auf ein Rezept fest verlassen: Er überfrachtet einfach die Zusammenkunft mit einer extrem detaillierten Tagesordnung und möglichst vielen Vorträgen, die sich vermeintlich an den Bedürfnissen der Teilnehmer orientieren, bei denen sie aber nichts tun dürfen, außer still zu sitzen und zuzuhören.

Viel motivierender sind Veranstaltungsformate, die flache Hierarchien, Zusammenarbeit, den offenen Zugang zu Wissen und den freien Ideenaustausch quasi als Teil ihrer DNA verinnerlicht haben – BarCamps, OpenSpaces und FedExDays zum Beispiel. Sie orientieren sich an der Logik und an der Denke des Internets und fußen auf den Prinzipien Vernetzung, Offenheit, Partizipation und Agilität.

Auch den ersten Kunden meines Beratungsunternehmens doubleYUU gewann ich auf einem OpenSpace. Thema war der Wandel einer Organisation in Richtung Enterprise 2.0. An dieser Veranstaltung nahmen auch Vertreter der Nachrichtenagentur dpa teil, mit denen ich noch vor Ort einen Vorvertrag für ein Umsetzungsprojekt abschloss. Wenn man so will, haben also auch sämtliche Umsätze von doubleYUU ihren Ursprung in einem OpenSpace.

In den meisten Fällen ist es sinnvoll, diese Veranstaltungsformen miteinander zu kombinieren. Die Reihe beginnt idealerweise mit einem OpenSpace, um Ideen zu generieren, dann kommt ein Bar-Camp, um Themen zu vertiefen, gefolgt von FedExDays, um Konzepte und Produkte entscheidungsreif zu entwickeln.

OpenSpace: Es gilt das Gesetz der zwei Füße

OpenSpaces, die vier Stunden bis drei Tage dauern können, stammen aus den USA und haben im Kern eine Idee: hierarchiearme, konstruktive Dialoge zu ermöglichen. Zudem sollen sich aus den Diskussionen im Idealfall längerfristige Umsetzungsprojekte ergeben.

In der ersten Phase eines OpenSpaces interviewen sich zwei Teilnehmer gegenseitig zu einem Thema und veröffentlichen die Erkenntnisse für alle sichtbar an Pinnwänden. Anschließend kann jeder der Teilnehmer, die in einem Kreis stehen, ebenfalls ein Thema vorschlagen und quasi die Verantwortung dafür übernehmen. Auch diese Themen werden jeweils an einer Pinnwand angerissen. Dann verteilen sich die Teilnehmer vor den Pinnwänden gemäß ihren Interessen. So entstehen kleine Arbeitsgruppen, die anschließend selbstorganisiert das Thema vertiefen. Dabei gilt das „Gesetz der zwei Füße": Wen eine Diskussion langweilt, der verlässt sie und schließt sich einer anderen an.

In der Auswertungs- und Planungsphase stellen die Gruppen ihre Ergebnisse allen vor, die Zuhörer geben Feedback, sagen, ob sie das Projekt unterstützen und vielleicht sogar in Zukunft daran mitarbeiten wollen. Schließlich soll nach der Veranstaltung zumindest ein Teil der Diskussionen in konkrete Projekte münden. Deshalb ist derjenige, der ein Thema vorgeschlagen hat, auch angehalten, eine kurze Dokumentation darüber zu erstellen.

Den Abschluss bildet die themenübergreifende Reflexionsrunde. Während ein OpenSpace das Ziel hat, Menschen (also Mitarbeiter, Kunden oder Partner) einzubinden, Ideen zu sammeln und Teilnehmer

zu motivieren, kann ein BarCamp dazu genutzt werden, weiter aus-
gearbeitete Ideen zu präsentieren und in der Diskussion zu vertiefen.

BarCamp: Pausengespräche sind das Effizienteste auf Konferenzen

Bei dem ebenfalls aus den USA stammenden Konferenzformat Bar-
Camp – auch als Un-Konferenz bezeichnet – werden nur Ort und
Teilnehmerkreis vorgegeben. Themen und Referenten ergeben sich
idealerweise erst am Morgen der Veranstaltung spontan aus dem
Kreis der Teilnehmer. Einige von ihnen haben gezielt eine Session
vorbereitet, andere referieren frei über ihr Fachgebiet, wobei sie aber
eben keinen langatmigen Frontalvortrag halten, sondern nur eine
Einführung ins Thema geben und (wenn nötig) die anschließende
Diskussion strukturieren.

Das klingt verwegen, bedeutet aber, dass keine Zeit verschwendet
und nicht am Thema vorbei diskutiert wird, weil sich die Agenda
konsequent an den Interessen der Teilnehmer orientiert. Diese bleiben motiviert, weil sie unter mehreren parallel ablaufenden Veranstaltungen wählen und bei Nichtgefallen einfach wechseln können.
Es entsteht eine offene, energiegeladene Atmosphäre mit einer
harmonischen Koexistenz von ernsten, abstrakten und kurzweiligen
Ansätzen und ein kritischer, konstruktiver Dialog auf Augenhöhe,
also ohne starre Hierarchien. Jeder Teilnehmer ist auch ein poten-
zieller Referent – zum Beispiel in einer späteren Session.

FedExDay: Projektlieferung in 24 Stunden

Der FedExDay wiederum ist ein Format, mit dem man sehr gut jenseits des Alltagsgeschäfts Ideen entwickeln und umsetzen kann. Der
Name stammt vom Kurierdienst FedEx, der innerhalb von 24 Stunden ausliefert. Geliefert wird auch bei diesem offenen Veranstaltungsformat genau nach einem Tag. Beim FedExDay nehmen sich
Fachleute aus unterschiedlichen Bereichen Zeit, sich mit einem Thema

zu beschäftigen. Einen Tag lang haben sie volle Autonomie, um ein Ergebnis zu erreichen. Man arbeitet, mit wem man will, um ein Vorhaben umzusetzen. Vorgaben gibt es keine – außer: Präsentiere deine Ergebnisse am Ende dieses Tages. Zu vielen Unternehmen, mit denen ich arbeite, passt allerdings eher die betriebsratsfreundliche Variante von 9:00 bis 17:00 Uhr und weniger das Arbeiten über Nacht. Schade.

Oft wird diese umsetzungsorientierte Arbeitssession dadurch flankiert, dass Experten die Teilnehmer unterstützen, etwa Texter, Designer oder Programmierer. Dadurch gelingt es, innerhalb kurzer Zeit Konzepte oder Beschlussvorlagen effizient und abteilungsübergreifend fertigzustellen oder einen Prototyp anzufertigen. Am Ende jedes FedExDays werden die Ergebnisse den anderen Teilnehmern vorgestellt. Für Abteilungsleiter birgt dies die Möglichkeit, an einem Tag das Fachwissen aus anderen Bereichen für sich arbeiten zu lassen und so schneller Ergebnisse zu produzieren als in einem dieser langwierigen Arbeitskreise. Innovative Unternehmen schaffen alle Arbeitskreise ab, ersetzen sie durch einen FedExDay und schaffen endlich ein Ergebnis. Und das motiviert Mitarbeiter viel mehr als quälend lange, ergebnislose Sitzungen!

Mindestens ebenso wichtig wie die Veranstaltung selbst ist das Davor und Danach, also die Vor- und Nachbereitung. Der äußere Rahmen, also der Ort, sorgt für die richtige – oder auch die falsche – Atmosphäre. Oder die Auswahl der Teilnehmer: Inhalt und Qualität jedes Ergebnisses hängen natürlich von den Menschen ab, die dabei mitmachen. Von Bedeutung ist auch die Definition der Ziele, die Frage, was eine Organisation mithilfe der Veranstaltungen erreichen will. Offener Dialog bedeutet ja nicht, inhaltlich keinen Rahmen vorzugeben, im Gegenteil. Die Frage sollte schon bei der Planung lauten: Was ist das Ziel, das ich mit dieser Sache anpeile? Um diesen Mehrwert zu schaffen, ist es in der Regel sinnvoll, eine Reihe solcher Events durchzuführen, die inhaltlich oder strategisch aufeinander aufbauen.

Unternehmen sollten allerdings nicht den Fehler machen, diese Formate exakt so umsetzen zu wollen, wie es in der Theorie beschrieben wird. Bei meinen Veranstaltungen handelt es sich in der Regel um individuell entwickelte Mischformen mit einer klaren Zielsetzung, die sich am strategischen Kontext des Unternehmens orientiert. Und dieser Kontext ist es auch, in den nach der Veranstaltung die Ergebnisse eingebunden werden müssen. BarCamps oder OpenSpaces durchzuführen, ohne den ganzen Prozess im Blick zu behalten, ohne die Ergebnisqualität sicherzustellen, führt eher zu Frustrationen.

Man kann, am Rande bemerkt, solche Formate auch als reine Incentives, also um die Stimmung im Unternehmen zu heben und schlicht Spaß zu haben, veranstalten. So habe ich eine Veranstaltung bei der Metro durchgeführt, während sich die Firma gerade von schlechter Stimmung nach Entlassungen erholte. Das Ziel war, einen Impuls zu setzen und die verbliebenen Mitarbeiter zu motivieren und gemeinsam an der Zukunft arbeiten zu lassen. Aber das Potenzial, das in diesen Instrumenten steckt, wird dabei verschenkt, wenn die Ideen nicht wirklich nachverfolgt werden.

„Das beste Strategiemeeting seit 20 Jahren"

Im klassischen Unternehmensalltag finden solche Veranstaltungen bisher selten statt. Dabei sind sie hervorragend zum Beispiel dazu geeignet, Produkte mithilfe der Ideen von Fachleuten aus unterschiedlichen Abteilungen zu entwickeln. Das gelingt oft schneller und kundennäher, als es ein klassischer Entwicklungsprozess mit getrennt vor sich hin werkelnden Abteilungen leisten kann.

Die beschriebenen Veranstaltungen sind zudem das ideale Werkzeug, um zum Beispiel traditionell ausgebildete Finanzfachleute dazu zu bringen, eine fruchtbare, offene Diskussionen über die vielen Herausforderungen ihrer Branche zu führen.

Und sie helfen auch Führungskräften dabei, zu lernen, was Vernetzung ohne hierarchische Barrieren und Wissenssilos praktisch bedeutet, nämlich dass sie sich mit den neuen Werkzeugen auch an neue Umgangsformen gewöhnen müssen. „Huh, das fühlt sich ja an wie in einer Löwenarena", sagte beispielsweise ein Teilnehmer einer meiner Führungskräfte-Workshops beim Telekommunikationsausrüster Alcatel-Lucent. Üblicherweise versammelte das Unternehmen dreimal im Jahr seine 100 Topmanager zu einem streng hierarchisch organisierten Strategiemeeting, auf dem dann pausenlos Powerpoint-Präsentationen an die Wand geworfen wurden. Mein Job war es, mit einem OpenSpace diese Routine zu durchbrechen. Also suchten wir 40 Vertreter der Internetgeneration, die sich diebisch darauf freuten, die Zukunft des Unternehmens – wie Produkte, Organisation, Arbeitsweisen, Karrierewege – zu diskutieren. Die Chefs waren auch hier zunächst nicht daran gewöhnt, sich mit „normalen" Mitarbeitern auf Augenhöhe auseinanderzusetzen. Und trotzdem oder gerade deshalb entstand eine extrem spannende Diskussion. Bei der Abschlussreflexion sagte einer der Manager: „Ich habe noch nie so viel über die Zukunft des Unternehmens gelernt wie heute." Ein anderer Teilnehmer meinte, das gerade Erlebte sei das beste Strategiemeeting seit 20 Jahren gewesen. Seitdem werden bei Alcatel-Lucent diese Mitmachformate im Alltag genutzt, zum Beispiel um Entwicklung, Marketing und Vertrieb bei der Einführung neuer Produkte miteinander zu koordinieren.

Das folgende Schaubild zeigt die unterschiedlichen Vorgehensweisen und Rahmenbedingungen der beschriebenen Veranstaltungsformate.

☙ **f** ♂

	Open Space	BarCamp	FedExDay
Ziel	Menschen einbinden, viele Ideen sammeln, Teilnehmer motivieren	Themen entwickeln, präsentieren und vertiefen	Abarbeiten von Teilaufgaben im Rahmen einer gemeinsamen Zielsetzung
Ergebnis	Priorisierte Ideensammlung, Aktionsplan	Vernetzte Umsetzungsteams	Prototypen, Konzepte und Entscheidungsvorlagen
Agenda	1. Themen setzen 2. Ideen sammeln 3. Workshops 4. Ideenvorstellung	1. Agenda erstellen 2. Sessions je 60 min 3. Abschluss	1. Begrüßung 2. Arbeitsphase 3. Ergebnisvorstellung
Dauer	4-10 Stunden	4 Stunden bis 2 Tage	8-24 Stunden
Anzahl Teilnehmer	40-200 Teilnehmer	80-1.000 Teilnehmer	5-25 (+) Teilnehmer

Quelle: doubleYUU

Abbildung 8: Für jede Aufgabe das richtige Werkzeug: Mit offenen Innovationsformaten lassen sich Ideen generieren und umsetzen, Vorhaben starten oder Produkte entwickeln.

Wichtig ist, ihren Einsatz nicht singulär zu planen, sondern gemeinsam als Teil eines integrierten Partizipationsprozesses. Auf viele Unternehmen wirken solche Vernetzungsimpulse wie eine gedankliche Frischzellenkur. Und diese hilft so gut wie jeder Organisation. Denn im Grunde geht es überall darum, sich angesichts der Veränderungen, die das Internet bewirkt, auf eine sinnvolle Art und Weise weiterzuentwickeln.

Südwestrundfunk: Anhaltende Aufbruchstimmung

Wie so ein Prozess in der Praxis aussehen kann, zeigt das Beispiel des Südwestrundfunks (SWR) mit seinen drei Hauptstandorten Stuttgart, Baden-Baden und Mainz.

Die nach dem Westdeutschen Rundfunk zweitgrößte Rundfunkanstalt der ARD hat mit meiner Unterstützung einen Veränderungsprozess mit vielschichtigen Zielen angestoßen. Es geht darum, bei der internen Zusammenarbeit neue Akzente zu setzen, mehr Kompetenz bei den Themen Internet und soziale Medien zu erwerben und inhaltlich jünger zu werden. Warum das so wichtig ist, formulierte Philipp Kurz von der Strategischen Unternehmensentwicklung beim Südwestrundfunk einmal so: „Wenn sich die Welt um uns herum massiv wandelt, dann können auch wir nicht so bleiben, wie wir immer waren. Denn das würde bedeuten, die junge Generation von Hörern, Zuschauern und Usern zu verlieren, was uns zu Recht die nächste Gebührenlegitimationsdebatte bescheren würde. Wir beim SWR haben also in gewisser Weise die Pflicht, zu lernen, vernetzt zu denken."

Auch der SWR ist eine eher klassisch geprägte Organisation. Obwohl regelmäßig junge Mitarbeiter hinzukommen, ist das Gros der Angestellten zwischen 50 und 60 Jahren alt. Trotzdem muss sich der Sender im Inneren so aufstellen, dass er Sendeformate entwickeln und Kanäle nutzen kann, die jüngere Zuschauer erreichen.

Die Werte des Internets mit Leben füllen

Seit 2009 veranstaltet der SWR vor diesem Hintergrund zusammen mit mir OpenSpaces, BarCamps und FedExDays. Diese Veranstaltungen sind zu einem wichtigen Element des permanenten Change-Prozesses geworden.

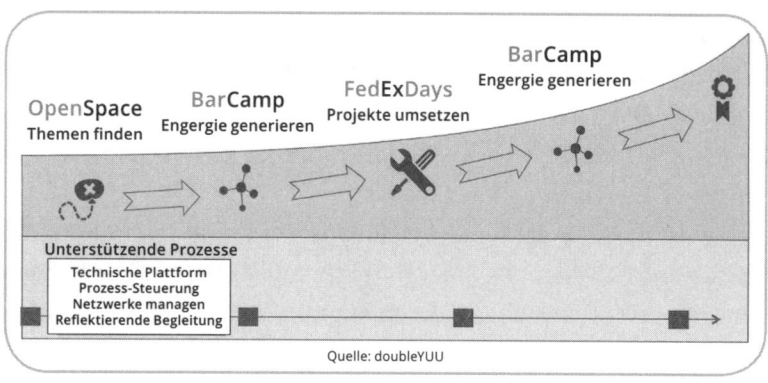

Abbildung 9: Partizipative Formate sollten nicht singulär, sondern als integrierter Prozess betrachtet werden.

Die neue Unternehmensstrategie des SWR ist in einem Grundlagenpapier mit den Worten „Vernetzen statt versparten" überschrieben. Deshalb rief die Strategische Unternehmensentwicklung des SWR eine direktions- und standortübergreifende Arbeitsgruppe ins Leben, die sich intensiv mit dem Thema digitale Transformation auseinandersetzen und ein Szenario erarbeiten sollte, wie man diese Philosophie sukzessive ins Haus tragen und die Werte Vernetzung, Offenheit, Partizipation und Agilität mit Leben füllen kann. In einem ersten konkreten Schritt wurde Ende Januar 2009 den SWR-Führungskräften die Philosophie und die Kultur von Enterprise 2.0 im Rahmen eines Managementforums nahegebracht. Bei der anschließenden Diskussion wurde deutlich, dass viel Potenzial für die tägliche Arbeit der SWR-Abteilungen in dieser Kultur steckt, aber auch, dass es auf dem Weg dorthin noch viele Hürden zu überwinden gibt.

Der nächste Schritt war die Organisation einer Reihe von Open-Spaces. 150 Mitarbeiter versammelten sich zur ersten Veranstaltung, um im Rahmen einer ad hoc selbst definierten Agenda Themen zu bearbeiten.

Die Palette der Themen war dabei breit gefächert. Sie reichte von „Corporate Identity im SWR entwickeln" über „Personalrat und Gewerkschaften als Netzwerk" bis hin zu „Gelebte Trimedialität".

Wer eine Session interessant fand, nahm an ihr teil – unabhängig davon, ob sie thematisch genau zu dem passte, was auf der eigenen Visitenkarte stand. Jeder Teilnehmer entschied selbst, ob er sich zum Beispiel an der Diskussion darüber beteiligt, wie man Wissensverluste im SWR in Hinblick auf den demografischen Wandel vermeiden kann, oder ob er lieber erarbeiten wollte, was das Thema Online heute und in Zukunft für den SWR bedeutet.

Ideen wurden auf 20 Pinnwänden notiert, die kreisförmig im Saal standen. Jeder Themengeber stellte sich vor seine Wand. Etwa ein Dutzend Ideen gab es beispielsweise bei einem dieser Workshops. Für vier davon interessierte sich niemand, sie wurden nicht weiter diskutiert.

Dafür blieb mehr Zeit für die übrigen Themen. Was folgte, waren einstündige, höchst kontroverse Diskussionen: ohne Regeln, ohne Agenda, ohne Hierarchien. Am Ende trug ein Teilnehmer jeder Runde dem Plenum in maximal 90 Sekunden die Ergebnisse vor.

Charakteristisch wie für alle BarCamps oder OpenSpaces war auch hier wieder einmal, dass nicht die Position in der Organisation, sondern die Kompetenz definierte, wer Verantwortung für ein Thema übernahm. Ein Beispiel dafür lieferte eine Volontärin, die in einer Session ein trimediales, also ein Fernsehen, Radio und Internet einschließendes Recherche-Projekt vorstellte und die anschließende Diskussion leitete, während ihre Vorgesetzten aufmerksam zuhörten. Die Vorgesetzten konnten so auch von Mitarbeitern lernen, Alte von Jungen, und Experte konnte jeder auf seinem Gebiet sein, unabhängig von seiner Position. Gerade dieses Thema war spannend zu beobachten, denn der SWR suchte seit Jahren nach Strategien, um ein Sendungsthema synchron trimedial zu bespielen. Die Organisation tat sich aber schwer damit – wurden die Bereiche doch als Sparten geführt. Erst die Volontärin, die kraft ihrer wechselnden Aufgabenfelder in allen Sparten arbeiten konnte, lebte vor, wie es gehen kann: durch thematische, vernetzte Projektarbeit.

Wer nur Technologie will, kann auch Schiffbruch erleiden

Bei allen angedachten Veränderungen geht es den Verantwortlichen des SWR auch darum, das richtige Maß zu finden. Dabei helfen diese offenen Veranstaltungsformate dem Sender, und nicht nur Technologien. „Denn wer nur Technologie will, kann auch Schiffbruch erleiden", sagt Philipp Kurz. „Auch diese Erfahrung haben wir gemacht. Nur weil etwas neu ist und tolle Technologie bereitsteht, funktioniert der Wandel noch lange nicht." Es geht bei BarCamps und Open-Spaces also nicht darum, unbedingt neue Software einzuführen, sondern Probleme zu identifizieren, für die entweder schon während der Veranstaltungen oder in der Nachbearbeitung eine Lösung gefunden wird.

Denn das Team der Strategischen Unternehmensentwicklung beugt sich im Anschluss an jedes BarCamp und jeden OpenSpace über die Ergebnisse und überlegt, wo und wie das Erarbeitete im SWR weitergetragen, in die jeweils verantwortlichen Bereiche eingebracht und so für Nachhaltigkeit gesorgt werden kann.

Es funktioniert nur auf freiwilliger Basis

Das Thema Wissensmanagement ist ein Beispiel dafür, wie es der SWR geschafft hat, seine Belegschaft unter anderem mithilfe der beschriebenen Veranstaltungsformate an neue Formen der Zusammenarbeit zu gewöhnen. Im Sender entstand eine Wiki-Plattform mit mittlerweile fast 400 Wiki-Spaces, die funktional an die Online-Enzyklopädie Wikipedia erinnert.

Beim Befüllen dieser Plattform setzt der SWR wie bei der Teilnahme an den Veranstaltungen auf freiwilliges Engagement. „Das stellt eine nachhaltigere Beteiligung sicher als das Formulieren von Anweisungen", sagt Philipp Kurz. Niemand ist verpflichtet, Inhalte einzustellen – doch viele tun es, obwohl es Zeit beansprucht. „Die Menschen beteiligen sich, weil ihnen dieses Tool etwas nützt."

Vor allem motivierte Pilotanwender waren es, die die neuen Verfahren zum Wissenteilen im SWR etablierten. „Techniker oder Online-Redakteure haben eine größere Nähe dazu als andere", sagt Kurz. „Und wenn von denen einige entschlossen vorangehen, dann motiviert das auch Kollegen anderer Abteilungen. Wirklich hilfreich war beispielsweise ein Produktionsleiter, der bei der Bundesgartenschau in Koblenz 2011 die gesamte Produktionsplanung, also zum Beispiel das Managen der Ü-Wagen, in einen Wiki-Space geschrieben hat. Seitdem läuft auch die Planung anderer Ereignisse über unser internes Wissensnetzwerk."

Wer sich die Plattform ansieht, versteht sehr schnell, dass die Wiki-Logik viel besser funktioniert als der Austausch via E-Mail oder das Ablegen von Dokumenten auf irgendwelchen Laufwerken. Auch hier zeigte sich: Das Vorleben der Führungskräfte ist wie bei den Veranstaltungen ein Schlüssel, um Veränderungsbereitschaft zu erzeugen und den Wandel nachhaltig umzusetzen.

Der damit verbundene Rollenwechsel bedeutete für manche Führungskräfte ein Umdenken. Wer bisher Strategien im Alleingang oder im kleinen Kreis entwickelte und Entscheidungen am Ende nur verkündete, musste lernen, sich neu zu orientieren. Dass in Bar-Camps und OpenSpaces nicht einfach von oben nach unten kommuniziert, sondern auf Augenhöhe diskutiert wird, war da eine Herausforderung.

Auf der anderen Seite merkten Führungskräfte, die Veränderungsprozesse kommunizieren wollten, sehr schnell, wie sehr diese offenen Veranstaltungen ihnen dabei halfen. „Zum Beispiel bot der Finanzchef des Senders im Rahmen eines BarCamps eine Session an, in der er den Mitarbeitern erklären wollte, was er genau tut, unter

welchen Zwängen er steht und vor allem warum bestimmte Spar-
entscheidungen so fallen, wie sie fallen", erzählt Philipp Kurz.
Insgesamt ist der Zuspruch der Führungskräfte von Veranstaltung zu Veranstaltung immer größer geworden. Auch das zeigt, wie
sehr sich diese Formate als nützliche Instrumente im Veränderungsprozess etabliert haben.

Die Aufbruchstimmung soll erhalten bleiben

Philipp Kurz betont, wie wichtig es ist, auf diese Methode des Wis-
sens- und Erfahrungsaustauschs auf Augenhöhe zu setzen, um
Veränderungen beim SWR anzuschieben. „Der Change-Prozess darf
bei uns kein Feigenblatt sein, weil der Wandel sonst intern nicht
akzeptiert wird. Die Kolleginnen und Kollegen müssen mitziehen,
nur dann funktioniert es."

Aus allen bisherigen Veranstaltungen ergaben sich konkrete Ergebnisse und Projekte. Ein Beispiel: Nach einem Austausch über
Arbeitszeitmodelle und Arbeitsorganisation erging ein konkreter
Auftrag von der Geschäftsleitung an eine Arbeitsgruppe, Modelle
für Telearbeit und mobiles Arbeiten weiter auszuarbeiten – inklusive
der erforderlichen tarifvertraglichen Regelungen.

„Mit der Nutzung solcher Veranstaltungsformate als Teil des Veränderungsprozesses stellen wir sicher, dass der Wandel auf Akzep-
tanz stößt, dass unsere Maßnahmen wirklich sinnvoll sind", sagt
Philipp Kurz. Neue Vernetzungs-Tools wie Wikis und Chats zum
Beispiel werden auf diese Weise mit der ständigen Rückkopplung
der Nutzer eingeführt, anstatt sie der Organisation einfach über-
zustülpen.

Und dadurch, dass der SWR die Events nicht als einmalige Veranstaltungen betrachtet, sondern als permanente Elemente eines Prozesses, stellt der Sender sicher, dass die Veränderungsbereitschaft
bei Führung und Mannschaft hoch bleibt. Wie sagte doch SWR-In-
tendant Peter Boudgoust einmal bei der Eröffnung eines BarCamps:

„Ich wünsche mir vor allem, dass dieser Geist, diese Aufbruchstimmung anhält. Deshalb darf eine solche Veranstaltung keine Eintagsfliege bleiben."

Sind wir ohne Banken glücklicher? – Ein Zukunftsdialog in der Finanzbranche

Diese Veranstaltungen funktionieren aber nicht nur beim SWR, sondern sind hundertfach bewährt. Auch für andere Branchen wie beispielsweise die Finanzbranche organisieren wir sie immer wieder. Und die Menschen, die dort teilnehmen, machen ähnliche Erfahrungen wie jene beim SWR.

Zum Beispiel ging es vor einiger Zeit in den Empfangsräumen der Goethe Universität Frankfurt um „Next Generation Banking". Die Teilnehmer standen sich im Halbkreis offen gegenüber – ein Szenario, das fruchtbare Kontroversen fördert und einschläfernde Harmonie verhindert. Es wurde intensiv diskutiert, aber eine einheitliche Auffassung darüber, wie die Filiale der Zukunft aussehen wird, gab es erwartungsgemäß nicht. Am Ende zog allerdings jemand sein Smartphone aus dem Sakko, hielt es hoch und sagte: „Das ist meine Filiale." In einem formellen Meeting wäre diese Bemerkung vielleicht als respektlos aufgefasst worden. Hier lieferte sie einen wichtigen Impuls, der die Diskussion über mobile Bankanwendungen weiter vorantrieb.

Ein klassisches Problem vieler Unternehmen ist, dass ihre Kommunikationsstrategien aus einer Zeit stammen, in der es die allgegenwärtige Vernetzung noch nicht gab. Natürlich bewirkt ein BarCamp den notwendigen Wandel nicht von einem Tag auf den anderen. Aber die Atmosphäre offener Formate lässt besonders jene zu Wort kommen, die an innovativen Lösungsansätzen stark interessiert sind.

Nur in so einem Rahmen können Bankexperten konstruktiv über Crowdfunding als Finanzierungskonzept diskutieren, also über genau jenes Konstrukt, dass die Musikerin Amanda Palmer genutzt hat. In den heimischen Statusmeetings kommt so ein Thema in der Regel gar nicht erst auf die Agenda. Schließlich widerspricht die Crowdfunding-Idee auf den ersten Blick dem Geschäftsmodell. Denn eigentlich wollen Banken selbst Geld verleihen und nicht den Verleih durch Dritte managen. Dass Crowdfunding auch Chancen für die Branche bietet, wird dagegen von den Geldhäusern bisher weitgehend übersehen.

Formate wie BarCamps und OpenSpaces funktionieren deshalb so gut, weil sie die Dynamik eines Austausches, wie er für das Netz typisch ist – freiwillig, selbstorganisiert und hierarchiefrei –, auf persönliche Begegnungen übertragen. Es beteiligen sich daran auch Menschen, die eigentlich in eher konservativ geprägten Strukturen und Kommunikationsritualen zu Hause sind. Bei einem OpenSpace merken sie plötzlich, wie viele Ideen, Potenziale und wie viel Veränderungswille in ihnen stecken. Sie bekommen Lust, sich im Anschluss an das Event dauerhaft mit anderen zu vernetzen. Neue Produkte entstehen, neue Kundenkontakte, Innovationen. Außerdem wird die Motivation deutlich verbessert. Ich habe schon Tausende begeisterter Zuhörer auf solchen Veranstaltungen erlebt, zusammengenommen sind dabei für meine Kunden Neuaufträge in Millionenhöhe entstanden.

Das Unternehmen ibau oder:
Wie ein – ehemals – traditioneller deutscher Verlag die digitale Transformation angeht

Die Frage ist natürlich, warum Unternehmen sich die Mühe machen sollten, solche Transformationsprozesse anzustoßen? Wozu genau ist es gut, dieses neue, vernetzte Denken?

Eigentlich ist die Antwort ganz einfach: Weil es um ihre Zukunft geht. Vernetzung, Offenheit, Partizipation und Agilität zu lernen ist kein Selbstzweck. Es lohnt sich, um nicht ins Hintertreffen zu geraten.

Notwendige Anpassungen können dabei bis zum Wandel des Geschäftsmodells gehen. Und wer die Erfolgsmuster des Webs versteht und davon lernt, der ist tatsächlich in der Lage, das eigene Unternehmen neu zu erfinden. Wie das gelingen kann, zeigt die Geschichte der ibau GmbH. Das Unternehmen betreut die größte Bauobjekt-Datenbank Deutschlands und beschäftigt rund 320 Mitarbeiter an den Firmenstandorten Münster, Stuttgart und Hattersheim und hat rund 10.000 Kunden.

Vorwegschicken möchte ich, dass die Nutzung von Social Media und anderen Internetwerkzeugen in der deutschen Baubranche bisher sehr gering ist. Lediglich 36 Prozent der Unternehmen nutzen diese Kanäle, in den USA sind es 90 Prozent. Auch in der Bauwirtschaft Großbritanniens ist der Einsatz solcher Werkzeuge recht weit verbreitet.

In Deutschland besteht also erheblicher Nachholbedarf, wie ich in einer Branchenanalyse aufgezeigt habe.[33] Die Firma ibau leistet hier Pionierarbeit, wie wir noch sehen werden.

Die Idee, auf der das Businessmodell des Unternehmens fußt, stammt eigentlich aus Chicago. Und zwar von einem Radfahrer, der im Jahr 1893 an jeder Baustelle abstieg und sich sorgfältig Notizen machte. Eben dieser Radfahrer, ein gewisser Mister F. W. Dodge, schrieb mit diesen Touren ein Stück Geschichte des Baugewerbes.

Schon damals stand vor jeder Baustelle auf einem großen Schild, welche Bauunternehmen gerade hier arbeiteten. Dodge sammelte diese Informationen und verkaufte sie in gedruckter Form an Handwerksbetriebe in Chicago und Umgebung. Er legte damit den Grundstein für einen großen Fachverlag und dessen Flaggschiff, den Dodge Report, der noch heute eine wichtige Informationsquelle für Bauherren und ihre Subunternehmen in den Vereinigten Staaten ist. Die Idee des Bauinformationsdienstes war geboren.

---

33. http://de.slideshare.net/doubleyuu/20130917-e20-willmsbuhseibau20135finkz

Informationen sammeln und aufbereiten, die Betrieben helfen, Aufträge zu gewinnen – das ist zum Kerngeschäft einer ganzen Reihe von Unternehmen geworden, die Akteure der Bauwirtschaft miteinander vernetzen.

Auch in Deutschland haben solche Informationsdienste eine lange Tradition. In Münster startete 1957 ein Gründer namens Karl Willmers in einem kleinen Büro mithilfe einer einfachen Vervielfältigungsmaschine sein erstes Informationsblatt für Bauprojekte. „Der Preis in der Bauwirtschaft", ein sogenannter Schnelldienst, enthielt Preise und Kalkulationen, erschien zweimal im Monat und kostete damals 40 D-Mark.

Das Blatt war das erste Produkt von ibau, allerdings steht Gedrucktes für das Unternehmen schon seit Langem nicht mehr im Mittelpunkt. Denn ibau musste sich im Laufe der Jahre rasant verändern – und ist gerade dabei, bei der digitalen Transformation den nächsten Evolutionsschritt vorzunehmen und fit für das Internetzeitalter zu werden.

Jahrzehntelang hatte es keine großen Umbrüche gegeben, mit denen sich ibau und andere Bauinformationsdienste hätten auseinandersetzen müssen. Seit den Radtouren von F. W. Dodge orientierte sich die Branche an einem schlichten, aber gut funktionierenden Geschäftsmodell: Die Kunden bezahlten für die Information, wer wo was bauen lassen will. „Bis heute bringen wir im Wesentlichen Angebot und Nachfrage zusammen und vernetzen die Akteure", erzählt mir ibau-Geschäftsführer Sven Hohmann. An der Art und Weise, wie solche Dienste arbeiten, hatte sich zwischen dem Ende des 19. und dem Ende des 20. Jahrhunderts wenig geändert. Der wichtigste Unterschied war, dass ibau seit der Erfindung des Telefons Architekten, Kommunen und Bauherren anrief, statt Informationen von Bauschildern abzuschreiben.

Neues gewinnen, ohne
das vorhandene Geschäftsmodell zu schädigen

Dementsprechend war das, was ibau tat, lange Zeit am ehesten mit dem Geschäft von Verlagen vergleichbar. Das Unternehmen druckte dicke Informationsblatt-Sammlungen, die Anbieter unterschiedlicher Gewerke kauften sie und suchten anschließend darin nach zu ihnen passenden Bauprojekten. Nach und nach entstand durch die bei Vorortbesuchen notierten oder durch Telefonate ermittelten Informationen aber auch eine riesige Datenbank, die noch heute das Herz von ibau ist. Sie enthält über 300.000 Bauprojekte, 750.000 Gewerke sowie mehr als 300.000 Kontakte in die Bauindustrie.

In den 1990er-Jahren entschied sich ibau, die Informationen aus dieser Datenbank auch auf Internetseiten zugänglich zu machen. „Im Grunde wurde dabei das Papier gegen Webseiten ausgetauscht. Das Geschäftsmodell blieb unverändert", sagt Geschäftsführer Hohmann. Das Trägermedium der Information wandelte sich – nicht aber die Art und Weise, wie die Informationen genutzt, Angebot und Nachfrage vernetzt wurden.

Auf Dauer würde das aber nicht reichen, das wussten die Verantwortlichen bei ibau. Die Herausforderung bestand darin, die Leistungen des Unternehmens in die digitale Welt zu übertragen, ohne das eigene Geschäftsmodell zu zerstören, und diesen Umbau so schnell zu realisieren, dass man nicht von einem Wettbewerber dabei überholt wird. Die ibau GmbH rekrutierte in der Folge deshalb nicht nur Bau- und Recherche-Experten, sondern erfahrene Onliner und Programmierer, um die ibau-Produkte der nächsten Generation zu definieren.

2009 war es so weit. Eine neue Zeitrechnung für ibau begann – eine, bei der das Geschäftsmodell in die digitale Welt übertragen wurde. Ein mehr als 150-köpfiges Rechercheteam stellt seitdem pro Jahr 50.000 neue Projekte in die Datenbank ein, wobei diese Informationen permanent aktualisiert werden. Was entstanden ist,

ist also keine statische Webseite, sondern eine komfortable Such-anwendung – der ibau Xplorer. Dieses Online-Werkzeug zeigt seit seiner Einführung im Jahr 2009 dem Suchenden nicht nur in Echtzeit Bau-Projektinformationen an, es bringt auch Transparenz in eine ganze Branche, weil es Fragen beantwortet wie: Welcher Entschei-der arbeitet mit wem an welchen Bau-Projekten? Wer macht was und ist mit wem vernetzt?

Der Mehrwert für die Kunden ist deutlich gestiegen

„Dadurch, dass wir die Daten aus der Datenbank nicht nur abbilde-ten, sondern miteinander in Beziehung setzten, entwickelten wir uns weiter", sagt Hohmann. „Wir sind von einem Anbieter vertriebs-relevanter Informationen zu einer Informationsquelle geworden, die die Bauwirtschaft mit all ihren Verflechtungen transparent dar-stellt und damit auch eine umfassende Beurteilung der Akteure erlaubt."

Dadurch liefert ibau für die Kunden einen deutlich größeren Mehrwert als durch die alten Listenanzeigen. Denn die Entschei-dung, sich an Projekten zu beteiligen, können die Rechercheure nun auf einer sehr viel besseren Grundlage treffen und ihre Risiken minimieren.

Telefon und Fahrrad kommen bald endgültig ins Museum

Doch die Transformation ist noch nicht beendet, das Unternehmen wagt bereits den nächsten Evolutionsschritt. Der besteht darin, ein komplettes soziales Netzwerk mit dem Namen xpertio.net aufzubau-en. Dieses fußt auf der ibau-Datenbank und wendet sich natürlich nicht an den durchschnittlichen Facebook-Nutzer, sondern an Profis aus der Baubranche. Das Unternehmen will die Potenziale der sozia-len Vernetzung für sich und die Branche nutzbar machen. Neben den Profi-Informationen aus dem Xplorer sollen auch die Informationen, die die Nutzer im Netzwerk selbst erzeugen, weiteren Mehrwert schaffen. Die Teilnahme an diesem Social Network ist kostenlos. Trotzdem geht Geschäftsführer Sven Hohmann davon aus, dass sich die Investition in xpertio.net rechnen wird: „Heute erreichen wir 10.000 Kunden, mit der Plattform planen wir, 300.000 Bauprofis zu erreichen. Der einzelne Nutzer kann schnell in die Businesskommunikation mit sozialen Methoden einsteigen und die Vorteile der Vernetzung nutzen." Das Unternehmen kann wiederum mithilfe der Plattform Wissen generieren und als Betreiber und Vernetzer den Markt genauer kennenlernen als jeder andere Akteur.

„Die Plattform wird unser Geschäftsmodell für die nächsten 20 oder 30 Jahre absichern. Und auf Basis der Plattform können wir neue Geschäftsmodelle aufbauen", sagt Hohmann. Noch weiß er zwar nicht genau, wie sich die Plattform einmal refinanzieren wird. „Aber wir wissen, es wird Möglichkeiten geben, und wir werden sie entdecken."

Der Geschäftsführer entscheidet nicht mehr über jede Idee selbst

Allerdings heißt dieser Schritt in die Zukunft auch, dass sich ibau intern verändern muss. „Bei der Nutzung sozialer Medien hilft uns unser Branchenwissen nicht weiter", sagt Hohmann. „Wir gehen in einen neuen Markt, dessen Bedürfnisse wir noch nicht kennen. Also haben wir nicht nur in die Plattform, sondern auch in Know-how und in den Organisationsaufbau investiert." Das bedeutet auch, dass sich eine nach eigenen Angaben von klassischen Management-werkzeugen geprägte Führungskraft wie Sven Hohmann weiterent-wickeln muss. „Wir müssen weg von dem Muster ‚Geschäftsführer entscheidet über jede Idee' und hin zu ‚der Mitarbeiter entscheidet dort, wo es sinnvoll ist'." Dazu wird beispielsweise mehr Entschei-dungskompetenz als früher in die Fachabteilungen und Teams dele-giert. „Es ist für uns alle ein großer Schritt, zu lernen, was wir alles loslassen können", sagt Hohmann mit Blick auf mein vorletztes Buch „Die Kunst loszulassen".

Auch eine Kultur des permanenten Ausprobierens bei der ibau zu verankern ist für Hohmann ein wichtiger Schritt auf dem Weg des Unternehmens in die Zukunft: „Stellenweise gehen wir dabei inzwischen vor wie ein reines Softwareunternehmen."

Der Umstellungsprozess ist anspruchsvoll – für die Führung, aber auch für die Mitarbeiter, von denen einige glauben, die gute alte ibau GmbH gar nicht mehr wiederzuerkennen. Für Hohmann aber ist bereits jetzt sichtbar, dass das Unternehmen mit seiner Evolution auf dem richtigen Weg ist. „Vor sieben Jahren hatten wir abnehmende Umsätze und waren in einer schwierigen Situation", sagt er. „Heute sind wir ein prosperierendes Unternehmen, das in den letzten fünf Jahren mehr als 100 Arbeitsplätze geschaffen hat."

Robert Bosch GmbH: Vernetztes Denken lernen

Klar ist, dass ein Schnellboot leichter die Richtung ändern kann als ein Tanker. Dass ein Mittelständler wie ibau den Wandel schafft, ist das eine. Wie aber soll ein Industriegigant, ein großer internationaler Konzern den Wandel anpacken? Geht das überhaupt? Die Robert Bosch GmbH, eines der größten Hightech-Unternehmen in Deutschland, zeigt: Ja, das geht. Dort erprobt man gerade, welche Erfolgsmuster aus dem Netz auch diesem weltumspannenden und perfekt organisierten Konzern weiterhelfen.

Das Technologieunternehmen aus dem schwäbischen Gerlingen mit seinen mehr als 300.000 Mitarbeitern befindet sich seit einiger Zeit in einem beeindruckenden Veränderungsprozess. Bosch hat sich einen Wandel verordnet, den ich durch viele Vorträge und Führungskräfte-Workshops unterstützt habe.

Seit Sommer 2012 steht bei Bosch der promovierte Physiker Volkmar Denner an der Spitze. Er wünscht sich, dass seine Mitarbeiter motiviert sind, weil sie in ihrer Tätigkeit einen Sinn sehen. „Welche bleibenden Spuren können wir hinterlassen? Diese Perspektive motiviert Mitarbeiter. Erst danach kommt die Frage nach Wachstum und Ergebnis", so Denner Ende 2013 in einem Interview.[34] Ich finde, er hat recht: Nur mit Renditezielen lassen sich Mitarbeiter kaum motivieren. Doch noch bemerkenswerter ist, worin Denner Bosch besser machen will: im Fehlermachen! Denn im selben Interview propagiert er auch eine offene Fehlerkultur. „Man muss offen sagen, wenn etwas schiefläuft", meint er. „Und dann müssen wir angemessen damit umgehen."

Scheitern gehört seiner Ansicht nach zu einer gelingenden Innovationskultur dazu, ebenso wie Experimentierfreude: „Wir müssen lernen, in Geschäfte reinzugehen, und wenn sie nicht laufen, wieder rauszugehen. Das wird dazu führen, dass auch mal etwas schiefgeht. Wir können nicht immer nur Erfolgsgeschichten liefern. Ich möchte, dass wir möglichst viele Projekte beginnen."[35]

Das ist ein beachtlicher Ansatz, denn eigentlich ist Exzellenz der vorherrschende Wert, an dem sich das gesamte Unternehmen orientiert – egal, ob die Ingenieure bei Bosch in Branchen wie der Autozulieferindustrie, der Gebrauchsgüterherstellung oder in der Verpackungs-, Industrie- oder Gebäudetechnik arbeiten. Bosch will nun nicht weniger exzellent arbeiten. Das Unternehmen soll alte Erfolgsmuster weiter bewahren und neue dazulernen.

Ein Projektteam hat den Auftrag, auszuloten, welche Potenziale das Thema Enterprise 2.0 in dem Unternehmen bietet, das wie kaum ein zweites für Ingenieurskunst made in Germany steht, und wie die Roadmap für die digitale Transformation des Traditionsunternehmens aussehen soll. Exzellenz auch in diesem Bereich – bei den neuen Formen der vernetzten Kommunikation und Zusammenarbeit – zu zeigen, ist das Ziel dabei.

---

34. *Stuttgarter Zeitung*, 1.11.2013.
35. Ibd.

☝ f 8⁺

Eines der Projekte, die in diesem Zusammenhang gestartet wurden, heißt „Enabling Enterprise 2.0". Ziel ist es, Bosch in ein vernetztes Unternehmen zu verwandeln. Wie das geht, haben die Verantwortlichen unter anderem im Rahmen eines Wettbewerbs der European Foundation for Quality Management genau erklärt. Aus den Unterlagen, die Bosch als Bewerbungsunterlagen für die EFQM Good Practice Competition 2013 eingereicht hat,[36] geht klar hervor: Technische Lösungen sind nur ein Teilaspekt dieses Entwicklungsprozesses, wichtiger ist die ganzheitliche Weiterentwicklung der Organisation.

Vier Bereiche stehen bei der Transformation für Bosch im Vordergrund:

* Technologie und Beratung: Entwicklung einer Landkarte aller Bosch-weiten Kommunikations- und Kollaborations-Werkzeuge
* Regeln: Entwicklung eines Werkzeugkastens von Regeln für das Enterprise 2.0
* Organisation: Installation neuer Rollen für die Einführung, Steuerung und Unterstützung des gesamten Veränderungsprozesses
* Führung: Propagierung eines neuen Führungsstils, einer neuen Führungskultur und einer neuen Führungsmentalität. Einführung von Qualifizierungsprogrammen, um dieses Ziel zu erreichen

Ein wichtiges Werkzeug des „Enabling Enterprise 2.0"-Projekts ist die interne Social-Media-Plattform Bosch Connect. Mit einem ganzen Werkzeugkasten von Wikis, Foren und Blogs ermöglicht diese Software vernetzte Zusammenarbeit und Wissensaustausch. Was in OpenSpaces, BarCamps oder FedExDays in der realen Welt ermöglicht wird – die hierarchie-, bereichs- und ortsübergreifende

---

36. Good Practice – Submission Report: „New Ways of Working – On the way to Enterprise 2.0 with Bosch Connect", verfasst von Jennifer Jurock.

Zusammenarbeit an einem Thema und der freie Austausch von Wissen –, wird hier gewissermaßen in Technik gegossen und mithilfe von Software umgesetzt.

Während der zwölfmonatigen Einführungsphase der Plattform, die im August 2013 endete, entstanden 26 interne sogenannte Leuchtturm-Fallstudien, die die Umsetzung einzelner Projekte beschrieben. Jede einzelne Studie ist ein Beispiel dafür, wie bei Bosch die Zusammenarbeit oder die Kommunikation untereinander in einem bestimmten Bereich durch neue Tools und Arbeitsweisen verbessert wurde.

Insgesamt waren in diesem Jahr 4.600 Communitys entstanden, mehr als 40.000 Mitarbeiter erstellten ihr eigenes Profil auf Bosch Connect. Seit September 2013 ist dieses Netzwerk für fast 240.000 Bosch-Mitarbeiter zugänglich.

Doch die Veränderungen bei Bosch sollten nicht allein technischer Natur sein. Um alle Mitarbeiter fit zu machen für den Wandel, startete das Unternehmen auch ein umfangreiches Schulungsprogramm, bei dem es nicht nur darum ging, die neuen Softwarewerkzeuge technisch zu beherrschen. Es ging darum, mit Trainings und Workshops das vernetzte Denken in den Köpfen zu verankern. Und zwar auch bei Führungskräften. „Ziel war es, den Führungskräften zu zeigen, wo geht die Reise hin im Sinne von selbstorganisierten Arbeitsmodellen. Was heißt das für dich als Führungskraft? Wie führt man in einem selbstorganisierten System?", sagt Michael Knuth, der als Leiter der Zentralen Organisationsentwicklung bei Bosch die Themen Change und Enabling verantwortet.

Ein anderer Ansatz war das sogenannte Reverse-Mentoring-Programm. Dabei tauschten Führungs- und Nachwuchskräfte die Rollen. Nicht der Ältere, der Ranghöhere, war der Mentor, sondern der Jüngere, der sich in sozialen Netzwerken zu Hause fühlt. Praktisch bedeutete dies, dass Mitarbeiter der Internetgeneration ungefähr 3.000 Führungskräften zeigten, wie die neue Welt der Vernetzung funktioniert. Mit großem Erfolg: Die Zufriedenheit mit dem Reverse Mentoring auf beiden Seiten erreichte einen Wert von 95 Prozent.

Es geht um das Miteinander im Unternehmen

Schulungen und Trainings sind deshalb von zentraler Bedeutung, weil die Bereitschaft, sich im Kopf auf Neues einzulassen, nur dann vorhanden sein kann, wenn dieses Neue das Arbeitsleben leichter macht, wenn es nicht durch technische Barrieren und unnötige Kompliziertheit stresst. Bosch schreibt dazu: „Es muss sich in der gesamten Organisation das Bewusstsein durchsetzen, das Wandel Verhaltensänderung bedeutet und dass unser ganzes Arbeitsumfeld und unsere Art zu arbeiten die größten Hindernisse auf dem Weg zu einer permanenten Verhaltensänderung sind. Wenn wir von den Menschen eine Verhaltensänderung erwarten, dann sollten wir ihr Arbeitsumfeld so gestalten, dass es Veränderung unterstützt."[37]

Hinzu kommen bei Bosch detaillierte Spielregeln für die neuen Formen der Zusammenarbeit. Diese Social Business Principles sollen den Beteiligten jene Unsicherheiten nehmen, die mit einschneidenden Veränderungen der Arbeitswelt immer verbunden sind. Die Regeln beschreiben exakt, wie die Organisation im Social Business zusammenarbeiten will und muss.

Der Fokus liegt dabei auf dem Bilden kleiner, agiler Netzwerke und Teams. Aber Boschs Social Business Principles sind noch viel mehr. Sich einige von ihnen im Detail anzusehen ist deshalb aufschlussreich, weil sie belegen, wie sehr es bei den angestrebten Veränderungen um soziale Kompetenz geht, um das Miteinander. Und dass eine Reihe der Werte, die das Unternehmen vermitteln möchte, offenbar über Unternehmensgrenzen und Kontinente hinweg Gültigkeit hat.

---

37. Good Practice – Submission Report: „New Ways of Working – On the way to Enterprise 2.0 with Bosch Connect", verfasst von Jennifer Jurock.

„Wir glauben an die Macht der Netzwerke"

Unter der Überschrift „Teilen und lernen" ist da beispielsweise das Folgende zu lesen: „Wir teilen unsere Erfahrungen mit anderen innerhalb der Bosch-Organisation. In einer Atmosphäre der Zusammenarbeit und des Co-Creatings lernen wir kontinuierlich, Dinge weiterzuentwickeln und anzupassen." Unter der Überschrift „Kollektive Intelligenz" hat Bosch sich auf folgende Leitsätze geeinigt: „Wir glauben an die Macht der Networks. Wir nutzen den Input von internen und externen Stakeholdern, um Produkte, Dienstleistungen und Entscheidungen zu verbessern." Auch was das Unternehmen unter „Selbstorganisation" verstanden wissen will, ist lesenswert: „Wo immer es sinnvoll erscheint, organisieren sich Teams selbst und nehmen im Kollektiv die Verantwortung für die Ergebnisse ihrer Arbeit wahr."

An anderer Stelle geht es um das Zuhören. Darum, dem Gegenüber nicht zu schnell auf seinen Input zu antworten, sondern erst sicherzugehen, dass man den Gesprächspartner – zum Beispiel einen Kunden – auch richtig verstanden hat. Oder es geht um die Freude an Experimenten. Bosch schreibt dazu: „Wir haben keine Angst vor dem Ausprobieren. Wir wagen uns auf ungewohnte Pfade und sind offen für unkonventionelle Ideen."

Das erinnert an die positive Fehlerkultur von Netflix – jenes Unternehmens, das den Mitarbeiter in seinen Leitlinien regelrecht dazu animiert, „clevere Risiken einzugehen". Auch beim Thema „Achtsamkeit" finden sich Gedanken aus der Netflix-Welt wieder: „Wir schaffen ein Social-Business-Umfeld, das auf Respekt basiert, in dem sich jede einzelne Stimme Gehör verschaffen kann und Beachtung findet. Wir bewerten Input ausschließlich auf Basis seines inhaltlichen Wertes." Die Bezüge zur Netflix-Kultur sind für mich besonders spannend, denn ich hatte einige der Netflix-Erfolgsmuster auch im Rahmen meiner Arbeit bei Bosch mit den Entscheidern des deutschen Hightech-Unternehmens diskutiert. „Es ist für uns sinnvoll, uns ein Stück weit beim Vortasten in diese neue Welt an Internetinnovatoren zu orientieren und nicht beispielsweise daran, wie weit ein direkter Wettbewerber aus unserer Branche beim Thema digitale Transformation ist", sagt Michael Knuth. „Natürlich muss man dann die Frage beantworten, was denn ein Erfolgsmuster von einem Unternehmen wie Netflix für den Alltag bei Bosch bedeuten kann."

Die Verantwortlichen bei Bosch schreiben über den eigenen Change-Prozess: „Dass sich Bosch in Richtung Enterprise 2.0 bewegt, bedeutet, sich in allen Bereichen radikal von der traditionellen, gewachsenen hierarchischen Business-Organisation zu einem selbstorganisierten Netzwerk zu wandeln."

Das heißt allerdings nicht, dass alle Teile des Unternehmens in Zukunft zwangsläufig dezentral und unhierarchisch wie das Internet funktionieren müssen, sondern je nach Situation und Herausforderung sollen Mitarbeiter und Führungskräfte einmal aus dem einen Erfahrungsschatz – dem klassischen Unternehmens- und Managementwissen – schöpfen und ein anderes Mal aus dem neu Gelernten.

Denn Bosch will mit dem Wandel keineswegs beweisen, dass klassische Managementmodelle ausgedient haben, will nicht fordern, dass jeder nur noch auf Selbstorganisation, Transformation, intrinsische Motivation oder Netzwerke setzen darf, dass die Crowd klassische Unternehmensführung ersetzen soll. Denn der Wandel verändert nicht alle Bereiche des Unternehmens gleichermaßen. In der Produktion zum Beispiel wird es auch in Zukunft vor allem um Effizienz gehen, nicht um Kreativität. Ein arbeitsteiliger Produktionsprozess mit hoher Spezialisierung seiner einzelnen Glieder braucht immer klar definierte Ziele.

Bosch hat daher das ambitionierte Ziel, ein hybrides Führungsmodell zu entwickeln. So müssen beispielsweise Geschäftseinheiten, in denen Effizienz und erprobte Prozesse Massenproduktion in Topqualität ermöglichen, weiterhin so arbeiten. „Für die Ausrichtung dort ist weniger die schnelle Adaptionsfähigkeit aus der Enterprise-

2.0-Welt wesentlich, sondern eher die Themen Effizienz und Exzellenz", sagt Michael Knuth. In anderen Bereichen geht es Bosch dagegen darum, mithilfe von Vernetzungs-Know-how Potenziale zu realisieren – etwa um mithilfe der Crowd Innovationen zu entwickeln oder mithilfe vernetzter Experten Probleme schneller als bisher zu lösen.

Null E-Mails bei Atos: Machbar oder Utopie?

Umbrüche erfordern Mut, und zwar vor allem von den Managern, die sie konzipieren und das Unternehmen dann – wie Volkmar Denner bei Bosch – durch den Umbau führen. Thierry Breton, Vorstandschef des IT-Unternehmens Atos, ist auch so ein Macher, der das Management by Internet verinnerlicht hat – was übrigens selbst in der IT-Industrie noch keineswegs für alle Manager gilt.

Für Thierry Breton schon: Er schob ein Projekt an, das nicht nur die IT-Branche höchst neugierig machte. Breton will nichts Geringeres, als nach dem Jahr 2015 E-Mails aus dem Unternehmen zu verbannen. Denn die elektronische Post – vor etwa 40 Jahren erdacht – wirkt als Kommunikationswerkzeug zwar modern, für den vernetzten, agilen Informationsaustausch ist sie aber ebenso schlecht geeignet wie ein Faxgerät.

Auf der Computermesse CeBIT in Hannover verkündete Atos 2011 zum ersten Mal sein Programm „Zero E-Mail".

Im ersten Schritt wollte der französische IT-Dienstleister mit 76.000 Mitarbeitern und einem Jahresumsatz von ca. 8,8 Milliarden Euro dabei bis Ende 2013 alle internen E-Mails abschaffen und durch eine interne Social-Media-Plattform ersetzen.

Zunächst wurde die Idee von vielen Beobachtern – internen und externen – überaus kritisch gesehen, was mich nicht überrascht, schließlich haben wir alle die gute alte elektronische Post lieb gewonnen. Allerdings führte Thierry Breton gute Gründe für den Plan ins Feld: Das Volumen ein- und ausgehender E-Mails habe ein unerträgliches Ausmaß angenommen. Nach Schätzungen des Unternehmens koste das Abarbeiten der E-Mails Führungskräfte bis zu 20 Stunden pro Woche. 2010 erhielten Atos-Angestellte nach eigenen Angaben durchschnittlich 200 E-Mails pro Tag, 18 Prozent davon waren Spam. 40 Prozent der Angestellten benötigten täglich zwei bis drei Stunden, um ihre Mails zu bearbeiten.

Das Problem mit den E-Mails gibt es natürlich nicht nur bei Atos. Auch bei der Otto Group haben wir die Verschwendung durch E-Mails auf mehrere 100 Millionen Euro kalkuliert.

Dass die normale Art der Bürokommunikation viel Zeit frisst und wenig effizient ist, ergab auch eine breit angelegte Studie der AKAD Hochschule in Leipzig in Zusammenarbeit mit der tempus GmbH.[38] Demnach stehen von fünf Arbeitstagen netto lediglich drei für effizientes Arbeiten zur Verfügung. Als Grund sehen die Forscher den überbordenden Kommunikationsaufwand. Ein Tag pro Woche wird für die Beantwortung von E-Mails benötigt, ein weiterer für Besprechungen.

Es gibt also gute Gründe für Kritik an der guten alten E-Mail, der radikale Ansatz von Atos ist aus meiner Sicht eines der aktuell spannendsten Transformationsprojekte überhaupt.

Mitarbeiter sollen wieder mehr miteinander sprechen

Ich glaube jeder, der sich einmal detailliert mit seinem elektronischen Posteingang beschäftigt, stellt schnell fest, dass weit weniger als die Hälfte der Nachrichten wichtig und lesenswert ist. Der richtige Umgang mit dieser Flut ist eine keineswegs triviale Herausforderung. Ein Ansatz von Atos ist, wieder mehr auf persönlichen Kontakt zu setzen. „Wenn die Leute mit mir sprechen wollen, sollen sie zu mir kommen oder eine SMS schicken", sagte CEO Thierry Breton einmal.

---

38. http://blog.akad.de/wp-content/uploads/2013/10/Studie_Markgraf_2013_Arbeitswelten_im_Wandel.pdf

Zweites Ziel: über interne soziale Netzwerke kommunizieren. Leitspruch ist dabei, immer das richtige Instrument für den richtigen Zweck einzusetzen. Es geht auch hier weniger um den technischen und mehr um den kulturellen Wandel, und zwar um einen mit Augenmaß. Wichtig sind dabei vor allem virtuelle Communitys, also Gemeinschaften, die sich für die Arbeit an Projekten immer wieder neu bilden und dabei nicht unbedingt die Abteilungsstrukturen im Unternehmen widerspiegeln. So arbeiten zum Teil 150 Menschen und mehr in einer Online-Gemeinschaft zusammen, obwohl ihre Büros vielleicht quer über den Globus verteilt sind.

Materialien und Daten können so zentral und zeitgleich für alle in einer Gruppe zugänglich gemacht werden. Wer bestimmte Informationen braucht, muss von sich aus auf eine Website gehen und sie dort finden. Was deutlich besser funktioniert, als dieselbe Datei mühsam aus den Tiefen eines schlecht sortierten Postfachs herauszugraben oder sie gar nicht zu finden, weil sie auf dem Rechner eines Kollegen liegt.

Standardsoftware erfüllt die Ansprüche vollkommen

Beim Umsetzen des Zero-E-Mail-Projekts ging Atos schrittweise vor und die Herangehensweise kann durchaus als Vorbild für andere dienen. Zuerst untersuchten die Verantwortlichen ihre internen Systeme und stellten die Frage, welche auf dem Markt angebotenen Collaboration-Lösungen E-Mail-Funktionen ersetzen könnten. Als Ergebnis dieser Analyse kaufte Atos nicht etwa eine Software, sondern erwarb Anfang 2012 gleich das ganze, ebenfalls französische, Unternehmen blueKiwi, einen Anbieter von sozialen Netzwerken für Unternehmen. Das zeigt, dass das Unternehmen nicht nur daran glaubt, dass diese neue Form der Kommunikation Atos selbst nützt, sondern dass auch die Weitergabe des Wissens darum und der entsprechenden Software gute Geschäfte verspricht.

Im nächsten Schritt ging es darum, unter Erhalt der vorhandenen Kommunikationslandschaft – also ohne irgendetwas abzuschalten – das E-Mail-Aufkommen zu senken. Als Vermittler und Helfer etablierte Atos sogenannte Zero-E-Mail-Botschafter – zumeist Menschen aus der Internetgeneration. Sie unterstützten ältere Kollegen beim Umgang mit den neuen Werkzeugen. Auch dabei setzte niemand auf Zwang, sondern man vertraute darauf, dass die neuen Formen der vernetzten Kommunikation die besseren Argumente auf ihrer Seite haben, weil sie reale Vorteile gegenüber dem Austausch via E-Mail bieten.

Atos nutzt verschiedene Instrumente, zum Beispiel Wikis und Chats. blueKiwi kommt dabei die Funktion eines Cockpits zu, von dem aus nicht nur diese Werkzeuge, sondern auch andere, weiterhin bei Atos vorhandene Plattformen wie zum Beispiel das Dateiablagesystem Microsoft Sharepoint gesteuert werden.

Sobald das Enterprise Social Network blueKiwi mit allen seinen Möglichkeiten läuft und alle Mitarbeiter das Netzwerk nutzen, will Atos den internen E-Mail-Verkehr abschalten. Das gesteckte Ziel, wirklich keine einzige E-Mail mehr intern zu verschicken, hat Atos zwar Anfang 2014 noch nicht erreicht. Aber kritische Atos-Projekte wie beispielsweise die IT-Koordination für die Olympischen Spiele in London und Sotschi wurden bereits ohne E-Mail abgewickelt.

Genau wie die Athleten, die vier Jahre lang hart trainierten, um während der zweiwöchigen Wettkampfzeit Höchstleistung zu zeigen, bereiteten sich die Technologieexperten von Atos dabei über einen ähnlich langen Zeitraum auf die Spiele in Sotschi vor: Sie konfigurierten und testeten unzählige Male die 10.000 Geräte für die 30 Austragungsorte. Hierzu zählten 400 Server, 1.000 Sicherheitsgeräte und 5.600 Computer.

Die Abstimmung ohne E-Mail hat funktioniert: Mit dieser Infrastruktur wurden Informationen in Echtzeit für 9.500 akkreditierte Medien und Rundfunkanstalten sowie für über 200.000 Akkreditierte bereitgestellt. Das Unternehmen musste außerdem die Ergebnisse aus allen Veranstaltungsorten und von jedem Event in Echtzeit an acht Milliarden Endgeräte rund um den Globus übermitteln, Daten zu allen 5.500 für die Spiele qualifizierten Athleten erfassen und verarbeiten sowie über fünf Millionen IT-Sicherheitsvorfälle täglich sammeln und filtern.

Am radikalen Ziel namens „Zero E-Mail" halten die Macher weiterhin fest. Aus ihrer Sicht ist diese Radikalität unerlässlich, um zu verhindern, dass zwei konkurrierende Kommunikationswelten nebeneinander bestehen.

Und für die interne Kommunikation ist die Logik sozialer Netzwerke einfach effizienter als die elektronische Post. Als Kunde darf man natürlich weiterhin E-Mails an Atos schicken. Empfangen, lesen und beantworten dürfen die Mitarbeiter sie. Breton will sein Unternehmen ja nicht lahmlegen oder von der Geschäftswelt abschneiden. Intern aber soll der Informationsaustausch ohne sie funktionieren.

E-Mails sind unserer Kommunikation nicht mehr gewachsen

Ob dieses spannende, recht radikale Projekt am Ende alle Erwartungen erfüllt, war Anfang 2014, als dieses Manuskript entstand, noch nicht abzusehen. Eines allerdings, womit ich von Beginn an gerechnet hatte, bestätigte Projektleiter Robert Shaw bereits: Nur 20 Prozent der Arbeit am Projekt betreffen die Technik, 80 Prozent dagegen das Change Management, also den Wandel in den Köpfen der Beteiligten.[39] „Mit E-Mail sind wir nur noch im Sendemodus", sagte Shaw einmal in einem Interview. „Aber je mehr wir senden, desto mehr erhalten wir auch. Wir müssen lernen, anders zusammenzuarbeiten." Shaw spricht hier vom Kollaborationsmodus.

---

39. http://www.experton-group.de/research/ict-news-dach/news/article/zero-e-mail-ist-vor-allem-ein-organisationsthema.html

Außerdem werden Mails immer auch zum Machterhalt und zum Abschieben von Verantwortung benutzt: einfach alle auf Cc, irgendwer wird sich schon kümmern. Oder Bcc an den Boss, um ihn dezent ins Bild zu setzen über einen Konflikt in der Abteilung …

Vielleicht liegt es ja auch an diesen Dingen, dass Atos zu Beginn des Projekts intern und extern viel Kritik ausgesetzt war. Allerdings, das ist Projektleiter Shaw wichtig, habe keiner der Kritiker die Richtigkeit der Erkenntnis bestritten, dass E-Mails dem gestiegenen Kommunikationsbedarf von Unternehmen nicht mehr gewachsen sind.

Das ist auch meine Meinung, und innovative Ansätze zur Lösung des Problems sind hochwillkommen. So radikal wie Atos werden sich mittelfristig wahrscheinlich nur wenige von der Mailkommunikation abwenden. Und das ist auch nicht notwendig. Vor dem Mut, mit dem das Unternehmen vorangeht und anderen beispielhaft demonstriert, wie man Kommunikation neu organisieren und Vernetzung leben kann, habe ich auf jeden Fall großen Respekt.

Und für alle, die erst einmal persönlich weniger Zeit mit E-Mail verschwenden wollen, habe ich für mein Digital-Leadership-Seminar einen Seminarbaustein namens „E-Mail akut von Dr. Buhse" erfunden. Er besteht aus acht Tipps, die man anwenden kann, um Zeit zu sparen. Unter anderem findet sich dort der Ratschlag „Fasse dich kurz". Denn wissenschaftlich nachgewiesen bekommt man auf kurze E-Mails auch kurze Antworten. Also spart man gleich viermal: ich beim Schreiben der kurzen E-Mail, der Kollege beim Lesen und kurz Antwortschreiben, und ich wieder beim Antwortlesen. Wann hat man sonst so einen Return on Invest?

Wie der CEO von T-Mobile US Vernetzung mit Kunden vorlebt

Das Beispiel zeigt, dass es sich lohnt, den Kampf für eine bessere, den Netzwerkgedanken betonende Kommunikation aufzunehmen.

Und es zeigt, wie wichtig es ist, die Mitarbeiter bei einem solchen Prozess von Beginn an einzubeziehen, mitzunehmen, ihnen zu sagen, worum es gedanklich bei einem Veränderungsprozess geht. Sie müssen sich langsam an die neue Kommunikationswelt gewöhnen können – daran, dass Einschätzungen und Vorschläge in Diskussionsforen öffentlich gemacht und diskutiert werden sollten, statt sie in privaten E-Mail-Zirkeln versanden zu lassen. Daran, dass Kollegen, mit denen sie gar nicht direkt etwas zu tun haben, weil sie nicht in ihrer Abteilung oder noch nicht mal am selben Standort arbeiten, plötzlich Kontakt zu ihnen aufnehmen und um Rat fragen. Dass sie selbst auf einmal die Möglichkeit haben, außerhalb ihres eigenen Umfelds Wissen zu nutzen und Hilfe zu bekommen. Dieses Lernen braucht Zeit und Anleitung durch viele gute Beispiele. Manager, die wie Kurt De Ruwe bei Bayer oder Thierry Breton bei Atos den Wandel leben, sind dabei wertvolle Vorbilder.

Zu diesen kann man sicher auch John Legere rechnen, CEO der Telekom-Tochter T-Mobile US. Mit einem einzigen Tweet hatte er im November 2013 einen neuen Kunden für sein Unternehmen sowie eine Menge Publicity gewonnen und sich schließlich einen spektakulären Party-Rauswurf eingehandelt.

Geschehen war Folgendes: Jay Rooney, ein bis dahin unbekannter Mobilfunknutzer, der sich im Netz RamblingRooney nannte, twitterte, er habe herausgefunden, dass T-Mobile keine zusätzlichen Gebühren für die Internetnutzung via Smartphone im Ausland erhebt. Und fragte dann: „Was zum Teufel mache ich also noch bei AT&T?" Eine T-Mobile-Mitarbeiterin twitterte zurück: „Du weißt schon, dass es eine Alternative zu den Old-School-Anbietern gibt, oder? Sie heißt T-Mobile." RamblingRooney wurde in einem weiteren Tweet ganz direkt zum Wechseln des Anbieters aufgefordert. Jemand von AT&T mischte sich ein, warnte davor, schrieb, das gebe nur Ärger, und den wolle Rooney doch so kurz vor dem Urlaub sicher nicht haben. Die Antwort darauf kam vom CEO persönlich. John Legere schrieb: „Ich möchte wetten, dass sich der CEO von AT&T nicht an dieser Konversation hier beteiligt! RamblingRooney, komm zu uns, mach mit bei der Wireless Revolution."

Rooney wechselte zu T-Mobile. Und John Legere erschien kurze Zeit später im Rahmen der riesigen „Consumer Electronics Show" auf einer von AT&T gesponserten Party. Natürlich im T-Mobile-Outfit. Kurz nachdem sich seine Anwesenheit herumgesprochen hatte, zeigten ihm Sicherheitskräfte die Tür ... So hatte AT&T der ersten PR-Niederlage noch eine zweite folgen lassen.

Welche Wirkung hat dieser eine Tweet vom CEO an RamblingRooney wohl auf die Mitarbeiter? Besser vorleben kann man als CEO die viel zitierte Kundenorientierung nicht, als um jeden einzelnen Kunden zu kämpfen, oder?

Eine Aktion wie die von John Legere funktioniert natürlich nur, wenn sie authentisch ist, wenn die Beobachter dem Chef zutrauen, dass er regelmäßig auf Twitter unterwegs ist. Und das gilt für das gesamte Unternehmen. Neue Kommunikationsstrukturen lassen sich nicht verordnen. Führungskräfte, die sich modern geben und ihre Leute auf technisches Neuland locken wollen, ohne sich Gedanken über die Mentalität in ihrem Unternehmen zu machen, erleiden mitunter Schiffbruch. Zum Beispiel wenn sie ein Blog starten und dann zunächst kaum jemand die Texte, die sie dort publizieren, liest. Einen solchen Fall erlebte ich bei einem Manager, für den wir einen Blog aufgesetzt hatten. Eigentlich hatte er seine Hausaufgaben gemacht, sich sorgfältig auf das Bloggen vorbereitet, sogar eine Themenliste erstellt. Er schrieb seinen ersten Beitrag und hoffte, dass die Mitarbeiter diese Chance für einen Dialog nutzen und Kommentare verfassen würden. Nur tat dies niemand. Der Manager war ehrlich enttäuscht über das Schweigen. Natürlich hatte ich geahnt, woran es liegt. Als ich kurz danach an einer Abteilungsleitersitzung in dem Unternehmen teilnahm, bestätigte sich meine Vermutung. Die Sitzung lief so ab, dass erst besagter Manager etwas erzählte und er sich anschließend von einzelnen Teilnehmern Bericht erstatten ließ. Kommunikation im Sinne von Dialog war in diesem Meeting nicht vorgesehen. Den Blogbeitrag des Chefs hatten sehr viele Mitarbeiter gelesen oder zumindest angeschaut, das war an den Zugriffszahlen erkennbar.

Aber einen Kommentar schreiben? Woher sollten die Mitarbeiter und die anderen Führungskräfte denn wissen, dass Dialog auf einmal erwünscht war. Schließlich fragte man sie ja sonst, analog sozusagen, auch nicht nach ihrer Meinung. Dieser Kommunikationsprozess – oder um präzise zu sein: die Tatsache, dass er nicht in Gang kam – spiegelte eins zu eins die Kultur in dem Unternehmen wider.

Dass Mitarbeiter grundsätzlich vorsichtig sind und zurückhaltend, sich nicht zu weit aus dem Fenster lehnen oder ihr Wissen, das sie ein Stück weit natürlich auch unersetzlich macht, nicht teilen wollen, kann man ihnen gar nicht verübeln. Deshalb ist es wichtig, welche Art von Kommunikation ich als Führungskraft vorlebe. Es reicht eben nicht, in meinem Blog zum Dialog aufzurufen. Genauso wenig kann ich erwarten, dass nach einer langwierigen Präsentation im abgedunkelten Konferenzraum oder nach dem Referat eines Topmanagers, das abläuft wie Frontalunterricht in der Schule, eine angeregte Diskussion entsteht. Denn in solch einem Fall benehmen sich die Mitarbeiter auch wie Schüler, die gelangweilt werden: Sie schalten auf Durchzug. Bis sie vielleicht selbst miterleben, wie der Chef Digital Leadership vorlebt – vielleicht indem er Twitter nutzt, um Kunden zu gewinnen, oder ein Blog, um ernsthaft auf berechtigte Einwände zu antworten, von denen er vorher vielleicht nie etwas gehört hätte.

Ohne Disziplin funktioniert bei Selbstorganisation gar nichts

Neue Formen der Kommunikation zu nutzen, ist aber nicht nur ein wichtiges Signal, damit die Mitarbeiter merken, dass es der Führung ernst ist mit dem Wandel. Neue Formen der Kommunikation sind auch ein erster Schritt hin zu einem Unternehmen, bei dem Mitarbeiter nicht mehr nur auf Anweisungen warten, sondern selbst pro-aktiv agieren. Sie sind ein erster Schritt in Richtung Selbstorganisation – die Form der Organisation, in der der Einzelne von sich aus das Richtige tut, und die deshalb in der Regel schneller und effizienter arbeitet als eine hierarchische Organisation.

In hierarchischen Strukturen ist auch die Kommunikation tendenziell hierarchisch. Und genauso wenig, wie sich Strukturen ruckartig ändern lassen, ändern sich die Menschen von einem Moment zum anderen. Das gilt nicht nur für Chefs, sondern auch für die normalen Mitarbeiter, die nach Führung verlangen, nach Orientierung. Julian Birkinshaw hat dieses Phänomen einmal wirklich brillant auf den Punkt gebracht: „So wie der Fisch kein Konzept davon hat, was Wasser ist, haben viele Mitarbeiter kein Konzept von einer nicht-hierarchischen, nicht-strukturierten Arbeitsumgebung."[40]

Das ist kein Wunder, denn das ganze Arbeitsleben lang haben Mitarbeiter gelernt, dass Unternehmen am besten funktionieren, wenn jemand Anweisungen gibt und sie diese ausführen. Wichtig ist es deshalb, klar zu kommunizieren, wie der Rahmen aussieht, innerhalb dessen sich eine Gruppe selbst organisiert.

Dass Hierarchien vollständig verschwinden, ist auch gar nicht wünschenswert. Unternehmen brauchen ein gewisses Maß an hierarchischen Strukturen, um überhaupt funktionieren zu können. Verantwortungsvoll gelebt darf man sie auch Verantwortungsstrukturen nennen. Das Gleiche gilt für Disziplin und Orientierung. Wie ich in Kapitel 1 beschrieben habe, landen gerade Firmen, die zu stark auf Selbstorganisation setzen, ohne Disziplin unweigerlich im Chaos, und zwar nicht im kreativen, sondern im destruktiven Chaos. Manager, die das Management by Internet erfolgreich bei ihrer

---

40. Birkinshaw, Julian: *Reinventing Management*. Verlag Jossey-Bass, Hoboken 2010.

Arbeit nutzen wollen, müssen also lernen, sich zurückzunehmen und Selbstorganisation zuzulassen. Sie dürfen sich aber auch nicht komplett zurückziehen. Loslassen zu können heißt nicht, dass man keine Regeln mehr vorgibt, sondern es bedeutet, auf die permanente Kontrolle und den Anspruch, alles am besten zu wissen, zu verzichten. Wie das im Arbeitsalltag eines Managers funktioniert und was das für Auswirkungen hat, das erkläre ich im nächsten Kapitel.

Durch Management by Internet verschwinden auch Machtstreben, Eifersucht und Neid, Abteilungsdenken und Misstrauen nicht. Deshalb braucht es neben den richtigen Vorgaben, Vereinbarungen und Regeln auch Symbole wie den twitternden oder bloggenden CEO sowie Zeit, um eine Kultur des gegenseitigen Vertrauens aufzubauen, und es braucht bestimmte Rituale. Deshalb setzen mein Team und ich stark auf jene Mitmachformate, von denen ich oben berichtet habe. Denn in vielen Unternehmen müssen die Menschen erst lernen, ohne Angst vor Hierarchien und Abteilungsgrenzen miteinander zu sprechen. Wenn ein Unternehmen diese Fähigkeit und diese Kultur nicht hat, dann nützen auch formale Bekenntnisse zu Wissensaustausch, Dialog und Partizipation wenig.

Durch diese bestimmte Form der Mitmachformate und Vernetzung lassen sich stunden- und tageweise Rahmen setzen und Freiräume herstellen, die die Kreativität fördern und Prozesse in Gang setzen, die anschließend im Unternehmensalltag Veränderungen bewirken.

Das Spielfeld definieren und bewusst Freiräume schaffen

Selbstorganisation bedeutet also, dass Manager weiterhin führen – nur anders als vorher. Es gilt, nicht jede einzelne Handlung, sondern einen Handlungsrahmen vorzugeben. In meinen Seminaren vergleiche ich das Unternehmen manchmal mit einem Spielfeld: Die Aufgabe der Manager ist es nicht, jeden Spielzug im Vorfeld festzulegen, sondern sie entscheiden nur über die Größe des Spielfelds und über die Mannschaftsaufstellung. Wenn mehr Kreativität gefragt ist, macht der Manager das Spielfeld größer, wenn es mehr um Schnelligkeit geht, kleiner. Was aber passiert, wenn einer der Spieler das Feld verlässt? Dann ist es die Aufgabe der Führungskraft, erstens dieses Ausscheren offen vor allen anzusprechen und nach den Gründen zu fragen. Ohne dieses Markieren der Abweichung tanzen die Mitarbeiter nach kurzer Zeit dem Chef disziplinlos auf der Nase herum. Nun folgt die wichtige Entscheidung im zweiten Schritt: Bringt dieses Verhalten die gemeinsamen Ziele in Gefahr? Dann muss der Spieler wieder zurückgeschickt werden aufs Feld. Oder bedeutet dieser Verstoß gegen die Regeln einen Gewinn für das Unternehmen, um die Ziele schneller zu erreichen? In diesem Fall sollte der Manager den Spieler gewähren lassen und die Abweichung als kreative Leistung hervorheben.

Kleines Beispiel: Kommt ein Mitarbeiter zu spät zu einem Meeting, muss das angesprochen werden, um Disziplin zu bewahren. Hatte der Mitarbeiter zum Beispiel einen wichtigen Grund für seine Verspätung, kann es sich um eine kreative Abweichung handeln. Gleiches gilt für das Verschieben von Projektabschlüssen etc.

Es kommt eben darauf an, flexibel entscheiden zu können, wann welches Führungsverhalten angemessen ist. Das müssen viele Leader erst lernen, und zwar zum Wohle des eigenen Unternehmens. Denn um nicht missverstanden zu werden: Es geht bei Vorgenanntem, es geht in diesem ganzen Buch nicht darum, die Welt oder das Binnenklima der eigenen Firma als Selbstzweck zu verbessern oder die Mitarbeiter aus moralischen Gründen gut zu behandeln, aus ethischen Gründen als Chef ein besserer Mensch zu werden. Das kann und sollte man natürlich auch tun, aber ein hinreichender Grund, sich für Themen wie Vernetzung und neue Führung zu interessieren, sind diese Ziele nicht. Denn in der Regel ist klar, wie die Wahl ausfällt, wenn Vorgesetzte oder Aktionäre zwischen der

Persönlichkeitsentwicklung von Mitarbeitern und dem gesellschaftlichen Beitrag eines Unternehmens auf der einen und der Chance auf höhere Umsätze und Gewinne auf der anderen Seite wählen müssen. Dann zählt, was unter dem Strich steht.

Es geht also darum, sich zu verändern, um als Organisation auch dann erfolgreich zu bleiben, wenn gut vernetzte neue Konkurrenten das Spielfeld betreten oder ganze Märkte sich in Luft auflösen. Um für solche Momente gerüstet zu sein, müssen Unternehmen offen für Input aus allen hierarchischen Ebenen sein. Feedback von Mitarbeitern und Kunden muss dazu dienen, die eigenen Produkte und Services auch kurzfristig verbessern zu können. Wer dabei die Eigensteuerung auch größerer Teams zulässt, kann viel schneller als bisher auf neue Situationen und neue Rahmenbedingungen reagieren, um die Kunden noch besser zu bedienen.

KAPITEL 4

Digital Leadership:
Brücken bauen zwischen
Hierarchie und Netzwerk –
Werkzeugkasten und Selbsttest

$\circlearrowleft$ **f** $\mathcal{g}^+$

Wir erleben mit der digitalen Transformation eine der größten wirtschaftlichen und gesellschaftlichen Umwälzungen, die es in der Geschichte je gab. Die meisten Unternehmen werden sich dem Wandel nicht entziehen können, ob es ihnen nun gefällt oder nicht. Entscheidend ist, den Übergang richtig zu meistern, und dazu braucht es eine neue Form der Führung.

Die gute Nachricht ist, dass Managern dafür – ebenfalls durch das Netz – Werkzeuge zur Verfügung stehen, die Produktivität und Effizienz in ungeahnter Weise steigern. Der Managementvordenker Professor Fredmund Malik, der trotz seiner Komplexitätsbeobachtungen nach wie vor an die Stärken des hierarchisch-allmächtigen Führens von oben glaubt, geht davon aus, dass neue, internetbasierte Werkzeuge die Effektivität des Managements um das 80-Fache verstärken und den Wandel um das 100-Fache beschleunigen.

Die Hauptaufgaben von Management

Diese Lösungen gilt es zu nutzen. Denn die skizzierten Veränderungen in Verbindung mit weiter wachsender Globalisierung, will sagen mit der Zunahme weltweiter Abhängigkeiten, stellen Unternehmen vor drei große Herausforderungen: Erstens müssen sie immer schneller auf Veränderungen reagieren, zweitens die rasant zunehmende Komplexität meistern und drittens, als Quadratur des Kreises sozusagen, Mitarbeitern und Kunden Lösungen und Services bieten, die eben nicht komplex sind in ihrem Gebrauch, sondern schnell zu erlernen und leicht zu bedienen. Die Frage ist nur, wie sie das am besten hinbekommen.

Die Antwort: indem sie ihre Firma in ein stärker vernetztes Unternehmen verwandeln. Und indem vernetztes Denken und entsprechende Methoden zum elementaren Teil jener Aufgaben werden, die jeder Manager bisher und in Zukunft beherrschen muss.

Im Folgenden möchte ich gerne die in den vorherigen Kapiteln vorgestellten Methoden und Beispiele einordnen und Ihnen einen Rahmen für die alltägliche Führungsarbeit mitgeben. Nach klassischer Lehrmeinung hat Management wie in Kapitel 1 bereits erwähnt vor allem fünf Kernaufgaben – und für alle diese fünf Felder habe ich einen Methodenkoffer entwickelt, um Ihr Unternehmen in die digitale Transformation zu führen.

1. **Ziele und Strategien definieren**
   Manager müssen die Richtung für ihr Unternehmen und ihre Mitarbeiter vorgeben. Manager müssen also definieren, mit welchen Themen und Produkten sich ein Unternehmen auf welchen Märkten positionieren soll, und entscheiden, was in welchem Rahmen, zu welchem Zweck und in welchem Zeitraum getan werden soll.

2. **Zusammenarbeit organisieren**
   Manager müssen die Voraussetzungen dafür schaffen, dass Teams und Mitarbeiter ihre Aufgaben zielgerichtet erledigen können – und zwar auch in komplexen, global verteilten Organisationen. Durch den Einsatz von innovativen Methoden und Internet-Technologien lassen sich hier nachhaltig die Transaktionskosten senken.

3. **Kommunikation sicherstellen**
   Manager müssen einen Rahmen schaffen, in dem gewährleistet ist, dass Entscheidungen auch dort ankommen, wo sie bekannt gemacht und verstanden werden müssen. Schließlich brauchen die Menschen im Unternehmen einen Orientierungsrahmen und müssen über alles Wesentliche, was ihre Arbeit betrifft, informiert sein und Rückmeldungen geben können.

4. Führungsinstrumente einsetzen

Manager müssen sicherstellen, dass die Menschen, die in einem Unternehmen arbeiten, wissen, welche Vorgaben sie haben. Sie müssen außerdem Angestellte motivieren und im Notfall auch Fehlverhalten sanktionieren.

5. Innovationsfähigkeit sicherstellen

Und schließlich ist es Aufgabe von Managern, dafür zu sorgen, dass dem eigenen Unternehmen auch in Zukunft die Ideen für neue Produkte oder Dienstleistungen nicht ausgehen. Das bedeutet, dass sie den Menschen, die für sie arbeiten, die Möglichkeit geben, sich weiterzuentwickeln, und einen Rahmen schaffen, in dem sich Kreativität und Ideen entfalten können. Schließlich braucht jedes Unternehmen fortlaufend neue Impulse, um sich neuen Anforderungen anpassen zu können.

In der klassischen Managementlehre sind für all diese Aufgaben Werkzeuge entwickelt worden. Wer heute führen will, muss diese weiterhin beherrschen. Ein Manager muss Bilanzen und Forecasts lesen und verstehen sowie mit Modellen arbeiten können, die finanzielle Anreize für Mitarbeiter schaffen. Er muss entscheiden und – notfalls mit Druck – sicherstellen, dass seine Entscheidungen auch umgesetzt werden. Es liegt in seiner Verantwortung, in welche Abteilungen ein Unternehmen aufgeteilt ist, und grob zu definieren, wer an welchem Thema arbeitet. Die Arbeit mit Prozessverbesserungsverfahren wie Six Sigma oder das Benchmarking, also der permanente Vergleich mit anderen Abteilungen oder Unternehmen anhand von Kennzahlen, haben auch in Zukunft ihre Berechtigung.

Doch das klassische Handwerkszeug aus der hierarchischen Managementlehre – so notwendig es bleibt – ist heute allein nicht mehr hinreichend. Neue Werkzeuge und Methoden sind für das

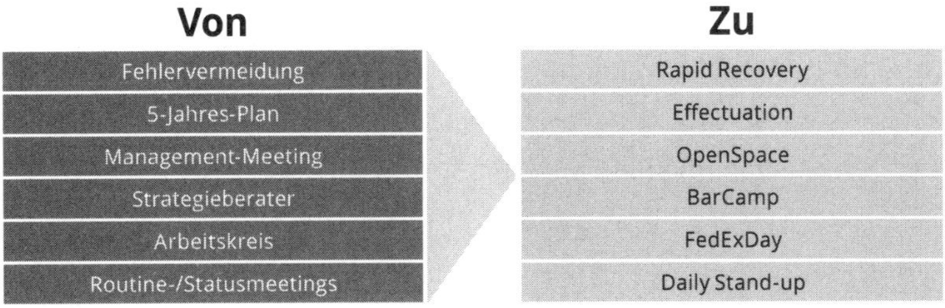

Von	Zu
Fehlervermeidung	Rapid Recovery
5-Jahres-Plan	Effectuation
Management-Meeting	OpenSpace
Strategieberater	BarCamp
Arbeitskreis	FedExDay
Routine-/Statusmeetings	Daily Stand-up

Quelle: doubleYUU

Abbildung 10: Arbeit in der digitalen Welt: Für viele Unternehmenswerkzeuge gibt es Alternativen, die Vernetzung, Offenheit, Partizipation und Agilität nutzen.

Management by Internet gefragt, Methoden, die zum Netzzeitalter passen, weil sie die Erfolgsmuster des Netzes aufgreifen.

Ein Beispiel ist das Definieren von Zielen. Natürlich muss auch ein vernetztes Unternehmen Ziele haben, wissen, wofür es steht und wo es hin will. Aber es sollte sich nach Möglichkeit von allzu starren Businessplänen verabschieden, damit es nicht wie in Kapitel 2 beschrieben bei Regenwetter Sonnencreme und luftige Sommermode anpreist oder drei Jahre lang mit großen Ressourcen ein neues Produkt plant, um dann plötzlich von einem Wettbewerber überholt zu werden. Stattdessen sollte die Devise lauten: Der Weg ist das Ziel. MACHEN, anfangen, sich auch mal vortasten, Versuch und Irrtum zulassen. Statt im Voraus Budgets für die nächsten drei Jahre fest zu verplanen, bietet es sich an, ressourcenorientiert wie beim beschriebenen Effectuation-Verfahren vorzugehen, also eher zu probieren, als lange zu analysieren. Management by Internet bedeutet also auch, nicht alles vorher festzulegen, sondern Neues schrittweise gemeinsam mit zwei oder drei Pilotkunden zu entwickeln und immer wieder deren Feedback einzuarbeiten.

Das ist genau jene Methode, nach der Internetunternehmen häufig arbeiten. Sich daran zu orientieren macht deshalb auch für andere Sinn, weil die weitaus meisten Innovationen heute aus der Informationstechnologie kommen. So sind es in der Automobil- branche ca. 90 Prozent aller Innovationen, die im digitalen Kontext entstehen. Warum sollte also ein Automobilunternehmen oder ein Zulieferer nicht auch – wenigstens in Teilen – denken wie ein Internet- unternehmen?

Dazu gehört auch, den Mitarbeitern maximale Freiräume ein- zuräumen, für optimale Arbeitsbedingungen zu sorgen, ansonsten aber das Team machen zu lassen, ihm zu vertrauen. Damit das ge- lingt, müssen sich die Angestellten natürlich auch trauen, nach vor- ne zu gehen, auch mal eigenwillig zu sein, zu widersprechen. Durch kreativitätsfördernde und motivierende Mitmachformate wie Bar- Camps, OpenSpaces und FedExDays lässt sich üben, Gespräche auf Augenhöhe über Hierarchiegrenzen hinweg zu führen. Außerdem bieten diese Formate die Möglichkeit, gemeinsam mit Kunden Ziele zu erarbeiten, Ideen zu generieren, die die geschlossene Welt der eigenen Büroflure nicht hervorgebracht hätte.

So lassen sich Produkte und Dienstleistungen, aber auch ganze Geschäftsmodelle neu entwickeln. Und gerade Geschäftsmodelle sollten, ja müssen veränderlich sein, weil sich Märkte ständig und immer schneller verändern, weil die Halbwertzeit solcher Modelle immer kürzer wird. Und sie werden besser, wenn sie wie auch die Strategien von Unternehmen heute nicht mehr exklusiv von einem kleinen Zirkel aus Vorständen, Aufsichtsräten und Beratern auf Jahre festgelegt werden.

Dynamik entfachen und Wandel zulassen – das ist das neue, er- gänzende Managementparadigma zum klassischen Führen, zum Delegieren und zum Gründen von Arbeitskreisen. Das gilt auch für das Organisieren von Zusammenarbeit, der zweiten typischen Auf- gabe einer Führungskraft.

Die Struktur klassischer Unternehmen sieht vor allem Abteilungen vor, die jeweils für ein bestimmtes Thema zuständig sind und ansonsten vergleichsweise abgeschottet von anderen vor sich hin werkeln – teilweise sogar mit konfliktionären Zielen ausgestattet. Der abteilungsübergreifende Arbeitskreis, der in regelmäßigen Abständen tagt, braucht Wochen und Monate, um sich abzustimmen. Und oft werden die Interessen jener Abteilung durchgesetzt, die den gewieftesten Vertreter entsandt hat – unabhängig davon, ob dieses Ergebnis nun für das Unternehmen als Ganzes gut ist oder nicht.

Das ist das genaue Gegenteil von einem Netzwerk, in dem es Knoten gibt – Communitys zum Beispiel –, die eine bestimmte, zeitlich begrenzte Aufgabe lösen und dabei Kollegen und Ressourcen verschiedener Abteilungen einbinden.

Führungskräfte, die Management by Internet verstanden haben, geben ihren Teams auch die Chance, in einem Projekt mithilfe neuer Werkzeuge effizienter zu kommunizieren und damit schneller zu besseren Ergebnissen zu kommen. Beim Social Project Management werden klassische Methoden des Projektmanagements wie die Arbeit mit Aufgabenlisten und Zeitleisten um Techniken aus der Welt der sozialen Netzwerke ergänzt. Die Mitarbeiter können etwa Diskussionsforen nutzen und sich individuell unabhängig von Standort und Abteilung miteinander vernetzen. Die Projektorganisation in netzwerkartigen Strukturen sorgt dafür, dass sich die Beteiligten ständig austauschen. Zugleich entlastet sie die leitenden Projektmanager, weil diese nicht mehr allein entscheiden müssen, wer welche Informationen bekommen soll/muss/darf. Alle Beteiligten können sich – wie auf Twitter oder Facebook – je nach individuellem Bedarf mit den benötigten Informationen versorgen.

Das funktioniert natürlich nur, wenn Wissen frei fließen darf, in einem Netzwerk organisiert ist.

Kommunikation im Unternehmen sicherzustellen, das ist die dritte klassische Aufgabe, bei der Führungskräfte ihre alten Tricks um neue Kniffe und Methoden ergänzen können. Wie aber stellt man in der täglichen Arbeitswelt sicher, dass Anweisungen von oben tatsächlich an der Basis ankommen und nicht irgendwo in den Hierarchien versickern? Klassische Meetings, die in der Regel viel Zeit kosten und bei denen ein Großteil der Beteiligten abschaltet, funktionieren da ebenso wenig wie die gute alte Hausmitteilung an der Pinnwand oder die jährliche Mitarbeiterversammlung.

Ein Management-Blog kann eine Alternative zu diesen Kommunikationskanälen sein. Führungskräfte, die regelmäßig selbst verfasste Artikel oder andere Inhalte publizieren, bleiben im Dialog mit ihren Mitarbeitern. Sie können Entscheidungen so kommunizieren, dass sie ankommen, verstanden und akzeptiert werden und dass sogar direkte Rückfragen möglich sind.

Solche Blogs haben wir schon in einigen Unternehmen mit Erfolg eingeführt. Sie werden entweder im Intranet exklusiv für die Mitarbeiter oder im Internet für alle Interessierten veröffentlicht. Thematisch geht es dabei um Entwicklungen im Unternehmen, betrachtet aus dem subjektiven Blickwinkel der Führungskraft. Auch Persönliches mit Arbeitsbezug – was begeistert eine Führungskraft, welche Begegnung hat sie inspiriert, welche Beispiele für Problemlösungen aus dem Unternehmen haben sie beeindruckt – hat Platz. Zwei Dinge machen Blogs zu einem perfekten Werkzeug für das Management by Internet. Zum einen ist Bloggen authentisch, schließlich textet hier nicht die Kommunikationsabteilung glatt gebügelte Manager-Rhetorik. Die Führungskräfte schreiben selbst, es gibt nur in Ausnahmefällen Abstimmungsrunden etwa mit der Rechts- oder der Kommunikationsabteilung. Zum anderen können wie in jedem Blog alle Leser kommentieren – der Mitvorstand ebenso wie der Sachbearbeiter. Mit Blogbeiträgen lassen sich Entwicklungen erklären oder aktuelle Fragen schnell beantworten, notfalls direkt mit Betroffenen diskutieren.

Aus all diesen Gründen ist ein Management-Blog gut dazu geeignet, jedwede Veränderungsprozesse zu begleiten. Die Mitarbeiter erhalten Orientierung und können ihre Gedanken an die Führung zurückspiegeln. Ein Management-Blog kann auch als Frühwarnsystem dienen und genutzt werden, um die Resonanz auf Themen, Vorhaben oder Strategien zu testen, bevor diese realisiert werden.

Wichtig ist, was geschafft wurde, was anliegt und wo Hilfe nötig ist

Ein anderes Werkzeug, bei dem man Mechanismen aus dem Netz wie den hierarchiefreien, schnellen und direkten Austausch auch im Büroalltag simuliert, sind Stand-up-Meetings, wie wir sie auch in meinem Unternehmen doubleYUU jeden Tag pünktlich um 10:15 Uhr durchführen. Vorbild für dieses Austauschformat sind die täglichen Kurzbesprechungen von agilen Projektteams. Doch auch in anderen Bereichen des Unternehmensalltags ist das Stand-up ein schlagkräftiges Mittel, um die Kommunikation zu verbessern und die Transparenz zu erhöhen. Dabei sitzt – wie der Name sagt – niemand, alle Beteiligten stehen im Kreis, was die Konzentration fördert.

Beim Stand-up beantwortet jeder Teilnehmer drei Fragen:

1. „Was habe ich gestern erledigt?"
2. „Was nehme ich mir bis morgen vor?"
3. „Was behindert mich in meiner Arbeit?"

Wichtig ist, dass jeder Mitarbeiter an die Reihe kommt – vom Praktikanten bis zum Manager. Alle reden auf Augenhöhe miteinander. Das dient nicht nur der Information, sondern es ermöglicht auch, Ansprechpartner für Probleme sofort zu identifizieren und den Beteiligten einen besseren Einblick in Aufgaben und Kompetenzen der anderen Kollegen zu verschaffen.

Es geht dabei nicht darum, dem Chef von tollen Arbeitsergebnissen zu berichten, sondern dem Team zu erzählen, was wann geschafft wurde, was man vorhat und wo man Hilfe braucht. Folglich finden diese Stand-up-Meetings in meiner Firma auch dann statt, wenn ich selbst nicht im Büro bin. Das Team übernimmt so den Staffelstab und trägt Verantwortung dafür, dass alles Wichtige entschieden und abgearbeitet wird – auch wenn sich kurzfristig Veränderungen ergeben haben.

Fehler sind eine Chance

Auch Führungsinstrumente – ihre Anwendung ist Kernaufgabe Nummer 4 eines Managers – entwickeln sich im Netzzeitalter weiter. Management by Internet bedeutet, nicht einfach nur darauf zu setzen, dass Mitarbeiter etwas einmal Beschlossenes schon irgendwie umsetzen werden, sondern sie dabei zu unterstützen und ihnen den entsprechenden Rahmen zu geben. Firmen wie Zappos oder Netflix verwenden nicht umsonst so viel Energie darauf, ihren Mitarbeitern die Möglichkeiten zur Selbstorganisation zu geben und zugleich mit einer offenen Fehlerkultur einen Rahmen zu schaffen, in dem diese Teams sich trauen, Neues auszuprobieren.

Wichtig ist, bei Fehlern nicht zuerst einen Schuldigen zu suchen, sondern einen Weg, sie schnell zu korrigieren. Durch diesen offenen Umgang lernen nicht nur die Mitarbeiter schnell, sondern die ganze Organisation. Wie das optimal verwirklicht werden kann, zeigt das System des Rapid Recovery bei Netflix (siehe Kapitel 2).

Die Angst vor öffentlichen Rügen oder Sanktionen lässt in hierarchisch geführten Unternehmen Mitarbeiter oft in eine regelrechte Starre fallen. Folge ist, dass sie eher zu wenig Risiko eingehen, weil sie fürchten, etwas Falsches zu tun. Zudem werden Fehler nach Möglichkeit vertuscht, um Sanktionierungen zu vermeiden.

Erfolgreiche Player in der digitalen Wirtschaft wie Apple, Netflix oder Google praktizieren bewusst einen Gegenentwurf zu diesem Umgang mit Fehlern. Sie leben eine positive Fehlerkultur. Ihre Basis ist das Vertrauen, dass niemand absichtlich Fehler macht. Im Gegenteil, Fehler sind etwas Gutes, etwas, bei dem man an Grenzen stößt und aus dem man lernen kann. Fail early, fail fast, fail often – so lautet ein Mantra des Silicon Valley, das schon viele großartige Projekte hervorgebracht hat. Dahinter steckt der Gedanke, dass man, wenn man sein Potenzial voll ausschöpft und sich traut, Neues auszuprobieren, in jedem Fall Fehler machen wird. Wer Fehler macht, beweist, dass er versucht, das Unternehmen weiterzubringen. Denn Fehler zeigen, was bisher nicht funktionierte.

Führung als Managementaufgabe bleibt also wichtig, wird sogar wichtiger als je zuvor, weil die zunehmende Geschwindigkeit der Veränderungen ohne klug definierte Leitplanken und Rahmenbedingungen für keine Organisation zu bewältigen wäre. Nur muss sich eben der Stil von Führung verändern, er muss weniger hierarchisch werden und eher kooperativ. Denn Management by Internet bedeutet, sich an der Logik des Internets zu orientieren. Und im Internet gibt es keine Hierarchien, die auf Jobtiteln oder Visitenkarten beruhen, sondern Hierarchien entstehen hier durch Kompetenzen, die von anderen anerkannt werden. Wie sich diese Art der Führung in der Praxis umsetzen lässt, hat Vineet Nayar bei HCL in Indien gezeigt. Er versteht sich nicht als jemand, der nur Anweisungen gibt. Für ihn bedeutet Führung, den Rahmen zu schaffen, in dem seine Mitarbeiter optimal arbeiten können.

Führung im digitalen Zeitalter muss vor allem bedeuten, Dinge möglich zu machen, indem der Chef optimale Voraussetzungen schafft für Innovationen und für Kreativität.

Wer auf den ersten vier Feldern des klassischen Managements die neuen Werkzeuge richtig einsetzt, versteht schon viel vom Management by Internet – und setzt quasi nebenher auch die richtigen Akzente in der fünften Disziplin, dem Sicherstellen der Innovationsfähigkeit. Management by Internet, das heißt auch, Freiräume zu schaffen, die in der klassischen Unternehmenswelt unnötig eingeschränkt werden. Diese Einschränkungen durch Abteilungsgrenzen, Organisationsstrukturen und Hierarchien tragen dazu bei, dass Wissen eben nicht geteilt wird, fließt und genutzt werden kann. Oder dass ein Großteil der Mitarbeiter nur noch Dienst nach Vorschrift macht. Dabei bringen sich Menschen – das zumindest ist meine Erfahrung – gerne ein, haben Spaß daran, ihre Kreativität zu nutzen, um Aufgaben zu erfüllen und Probleme zu lösen. Dazu müssen sie aber die erforderlichen Freiräume und Werkzeuge bekommen. Natürlich wird nicht jede Idee eines Praktikanten oder eines kleinen Angestellten die Welt verändern oder Millionenumsätze ermöglichen – aber die eine oder andere wahrscheinlich schon. Deshalb lohnt es sich, Meetings von Arbeitsgruppen in Form von kompakten, ergebnis- und umsetzungsorientierten FedExDays abzuhalten, anstatt sich Woche für Woche für jeweils eine Stunde zusammenzusetzen. Deshalb lohnt es sich, Strategien nicht in Inner Circles zu entwickeln und zu besprechen, sondern partizipativ im Rahmen von OpenSpaces und BarCamps.

Jeder Protest ist auch Feedback

Wer so vorgeht, hat gute Chancen, bei der Königsdisziplin des Internetzeitalters gut abzuschneiden: Talente zu finden und ihnen anschließend jene Freiräume geben, die kreative Persönlichkeiten brauchen, ist DIE Herausforderung der kommenden Jahrzehnte. Nur wer gute Leute findet und langfristig für sich begeistert, kann in diesen dynamischen Zeiten des Umbruchs mithalten. Viele haben das verstanden, Sven Hohmann zum Beispiel, Geschäftsführer des Baudienstleisters ibau, und natürlich die Verantwortlichen von Bosch, die die Förderung von Menschen und deren Fähigkeiten zum Zentrum ihres gesamten ambitionierten Umbauprozesses gemacht haben.

Klassische Managementaufgaben neu zu definieren, anders auszufüllen als in der Vergangenheit, ist auch deshalb notwendig, weil sich Kunden zu Netzwerken zusammenschließen, schnell und unkompliziert Informationen untereinander austauschen und damit mächtige Interessengruppen formen. Unternehmen müssen heute viel stärker auf Wünsche und Bedürfnisse der Kunden eingehen, wenn sie trotz der Macht dieser Netzwerke erfolgreich sein wollen. Denn das härteste Urteil bezüglich der Qualität von Produkten und Dienstleistungen fällen die Käufer beziehungsweise die Nichtmehrkäufer. Und dieses Urteil ist ungeheuer wertvoll: Denn jeder Protest ist auch Feedback, liefert unbezahlbare Informationen zur Verbesserung von Services und Produkten.

Die wenigsten Unternehmen nutzen bisher dieses Potenzial. Stattdessen beauftragen sie, wenn sie mehr über ihre Kunden erfahren wollen, ein Marktforschungsunternehmen, das Umfragen und andere Erhebungen macht. Dann folgen Meetings, abteilungsübergreifende Projekte mit Lenkungs-Komitees werden aufgesetzt, Zwischenergebnisse in weiteren Meetings präsentiert und so weiter und so fort. Wenn dann irgendwann ein greifbares Ergebnis vorliegt, sind die Annahmen über den Markt, die dem ganzen Projekt zugrunde lagen, wahrscheinlich schon nicht mehr gültig.

Führung muss dafür sorgen, dass der Stoffwechsel funktioniert

Management by Internet geht anders, nutzt systematisch internes und externes Feedback, um zu erfahren, was die Kunden wollen. Wer so vorgehen will, muss vor allem in der Lage sein, zuzuhören, anstatt seinem gesamten Lebensraum – also den Mitarbeitern und den Kunden – Vorschriften zu machen. Notwendig ist eine Atmosphäre von Klarheit, Vertrauen und Gemeinsamkeit.

Zusammenfassend gesagt: Die Führung muss dafür sorgen, dass Stoffwechsel und Körpertemperatur des Organismus im Gleichgewicht bleiben. Ist die Temperatur zu niedrig, dann machen alle Dienst nach Vorschrift, ist sie zu hoch, verglüht die Firma im Chaos.

Ziel ist es, klassisch geprägten Unternehmen einen Fahrplan für die Reise Richtung vernetztes Unternehmen zur Verfügung zu stellen und zu eruieren, wie man 2020 noch schneller, effizienter und innovativer als andere Unternehmen sein kann.

In letzter Konsequenz heißt das nicht, neue Technologien einzuführen, sondern eine ganze Organisation vernetztes Denken zu
lehren.

Doch diese Botschaft in die Köpfe zu bekommen ist wie bei allen
Veränderungsprozessen nicht so leicht.

Am Ende steht immer die Frage: Was soll ich konkret tun?

Deshalb bringe ich Führungskräften in meinen Workshops auch
nicht die Bedienung komplexer Technologien bei, sondern ich zeige
ihnen eine Reihe von Methoden, die genau für ihren Führungskräfte-
alltag relevant sind. Führungskräfte brauchen Werkzeuge, die ihnen
kurzfristig im Alltagsgeschäft und bei ganz realen Problemstellun-
gen weiterhelfen. Nach dem Motto: Das ist dein Methodenkoffer,
dein Rezeptblock. Das kannst du morgen sofort einsetzen. Man
kann viel über Modelle und Visionen diskutieren, am Ende fragen die
Leute immer: Was soll ich konkret tun, was kann ich konkret anders
machen?

Die Antwort darauf ist: Lerne, wann es sinnvoll ist, das Managementmuster zu wechseln. Das ist Digital Leadership. Es geht darum,
feinfühlig tunen zu können, wann und wo ein bisschen mehr vom
Alten und weniger vom Neuen gebraucht wird oder umgekehrt.

Ich stelle dies oft mit einem Schaubild dar, bei dem auf der linken
Seite in Pyramidenform eine klassische, hierarchische Organisation
zu sehen ist. Einige wenige an der Spitze entscheiden und kommunizieren die Entscheidung an die in der Pyramide weiter unten Ste-
henden. Auf der rechten Seite des Schaubilds sind dagegen lauter
Individuen zu sehen, die vernetzt agieren und kommunizieren. Hier
gibt es keine Hierarchien, die Informationen fließen durch die Selbstorganisation der Beteiligten ans Ziel. Gearbeitet wird je nach den
Erfordernissen der Situation mal mit dem einen, mal mit dem anderen Netzwerkteilnehmer.

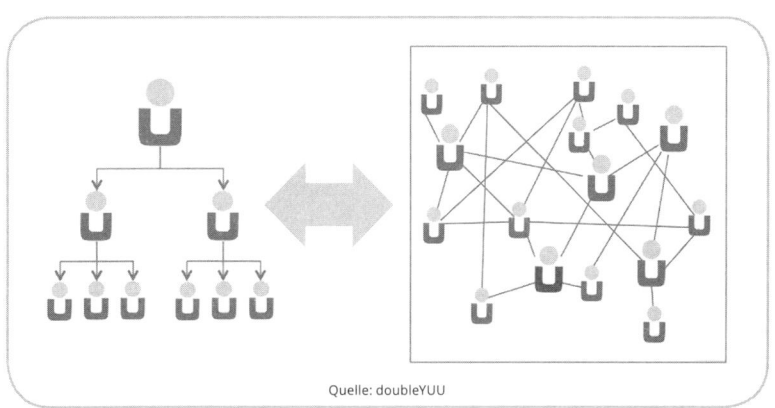

Quelle: doubleYUU

Abbildung 11: Die Kunst des Digital Leadership besteht darin, je nach Anforderung zwischen hierarchischen und vernetzten Führungsmustern zu wechseln.

Führungskräfte müssen heute erkennen, wann es sinnvoll ist, die klassischen Managementmuster der linken Seite und wann die neuen Führungsmuster der rechten Seite einzusetzen. Dies zu beherrschen bezeichne ich als Digital Leadership.

Wichtig ist der Rahmen um die vernetzten Einzelakteure auf der rechten Seite. Er erinnert an die Grund- und Seitenlinien eines Fußballfelds und steht für jenen Handlungsrahmen, in dem die vernetzten Individuen agieren, für die Leitlinien und Regeln, die ein Unternehmen oder eine Führungskraft in jedem Fall aufstellen muss. Orientierung zu geben ist in vernetzten Organisationen eine der wichtigsten Aufgaben von Führungskräften, auch wenn sich die Art und Weise, wie ihre Mitarbeiter zusammenarbeiten, verändert.

Um die Fähigkeit zu veranschaulichen, im richtigen Moment und für die richtigen Aufgaben das angemessene Führungsmuster zu identifizieren, haben Verantwortliche des Bosch-Konzerns obiges

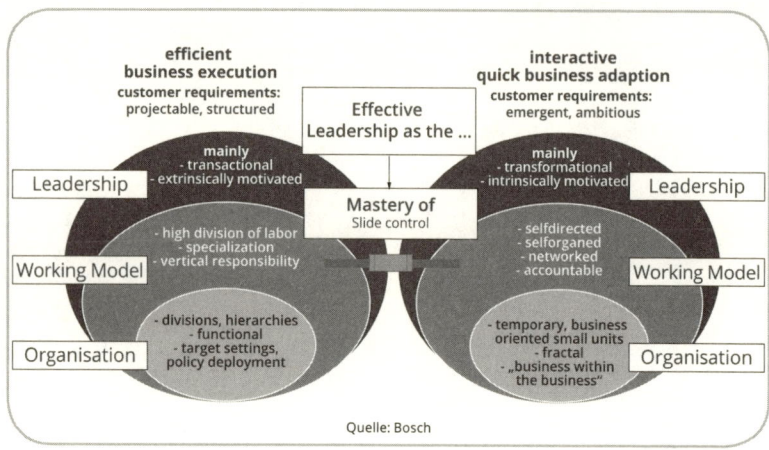

Abbildung 12: Bosch hat ein Schieberegler-Modell entwickelt, an dem sich Führungskräfte orientieren und aus dem sie unterschiedliche Führungsmuster auswählen können.

Bild aus Abbildung 11 zu einer Art Schieberegler-System weiterentwickelt.[41]

Auf der linken Seite dieses Diagramms findet sich all das, was jene Abteilungen bei Bosch auszeichnet, bei denen es in erster Linie um Effizienz geht, die industrielle Produktion zum Beispiel. Dort setzt Bosch weiterhin auf klassische Führungs- und Organisationsformen, auf Struktur, Arbeitsteilung, Spezialisierung, klassisch-hierarchische Verantwortlichkeiten und Kontrolle. Die Motivation der Mitarbeiter ist hier in erster Linie extrinsisch, was bedeutet, dass sie einen Job nicht machen, weil sie ihn so spannend finden, sondern weil sie – zum Beispiel – besonders gut dafür bezahlt werden. Organisiert wird die Arbeit in klassischen Abteilungen, die festgelegte

---

41. Good Practice – Submission Report: „New Ways of Working – On the way to Enterprise 2.0 with Bosch Connect", verfasst von Jennifer Jurock.

Funktionen erfüllen. Ziele und die Art, wie sie angestrebt werden, sind klar definiert.

Um solche konventionell strukturierten Organisationen zu steuern, reicht das Erfüllen der oben zitierten klassischen Managementaufgaben aus, man könnte es auch als „Management by Industriezeitalter" bezeichnen.

Nicht alle Teile eines Unternehmens verändern sich gleichermaßen

In diesen Bereichen arbeitet ein innovatives Großunternehmen wie Bosch bereits exzellent. Hinreichend, um den Wandel zu gestalten, sind klassische Managementfähigkeiten aber nicht. Dennoch wäre es unklug, auf sie zu verzichten; so wie ein Autobauer das Wissen, wie man massenhaft zu vertretbaren Kosten sehr gute Autos baut, braucht und – trotz Local Motors' Entwicklungsmodell – natürlich seine Werke und Produktionsstraßen weiterentwickeln sollte.

Entscheidend ist, klassisches Management-Know-how um neue Werkzeuge und Methoden zu ergänzen. Digital Leadership funktioniert aber nur, wenn Methodenkoffer und Werkzeugkasten auf beiden Seiten gut gefüllt sind. Auch Bosch will deshalb lernen, in welchen Fällen es sinnvoll ist, bei den klassischen, von klaren Hierarchien und Kontrollmechanismen geprägten Werte- und Entscheidungsmustern zu bleiben, und wann das Umschalten hin zu mehr Offenheit und Selbstorganisation die Organisation weiterbringt.

Die Methoden, die in Abbildung 12 auf der rechten Seite abgebildet sind, leiten sich aus den Prinzipien Vernetzung, Offenheit, Partizipation und Agilität ab. Sie stehen für das, was Management by Internet in der Praxis ausmacht. Das ist der Werkzeugkoffer für Führung in der digitalen Welt. Wer eine Organisation mit diesen Mustern führen will, arbeitet unter anderen Voraussetzungen als eine Führungskraft, die eher auf der linken Seite der Grafik beheimatet ist. Zum Beispiel weil das Organisationsmodell auf der rechten Seite des Schiebereglers am besten mit Angestellten funktioniert, denen der Job unabhängig von finanziellen Belohnungssystemen Spaß macht. Sie organisieren ihre Tätigkeit zum Großteil selbst und können auch die Ziele ein Stück weit selbst definieren, die Aufgaben sind in der Regel ebenso temporär und veränderlich wie die Teams. Letztere agieren häufig wie eigenständige Geschäftseinheiten, Bosch nennt das „Business within the Business" – ein Unternehmen innerhalb des Unternehmens. Mit anderen Worten: Die rechte Seite der Grafik markiert all das, was Bosch bei seinem Change-Prozess gerade lernt.

Es kommt nicht darauf an, in allen Situationen den Schieberegler nach rechts zu schieben, sondern entscheidend ist, ihn mit Geschick und Sensibilität zu bedienen, die rechte und die linke Seite zu beherrschen und deshalb entscheiden zu können, wann welche Seite wichtiger ist – wann es zur Lösung einer Aufgabe selbst organisierter Teams mit maximaler Vernetzung bedarf und wann funktionaler Abteilungen und straffer Prozesse. Die Überschrift des Bosch-Schaubilds gibt diese Dualität sehr gut wieder: „Effective Leadership as the Mastery of Slide Control." Sinngemäß: „Effiziente Führung bedeutet, den Schieberegler perfekt bedienen zu können." Dieses Bild zeigt sehr anschaulich, dass Digital Leadership neben der Fähigkeit, das Muster zu wechseln, auch beinhaltet, zwischen alten und neuen Wertemustern gute Mittelwege zu finden und Brücken zu bauen.

Wenn Google zum Wettbewerber wird

Bosch baut dieses Know-how genau zur richtigen Zeit auf. Denn der Zulieferer steht inzwischen nicht nur im Wettbewerb mit anderen Zulieferern wie Continental, sondern auch unter anderem mit dem Netzriesen Google. Das gilt etwa für den Markt der autonomen Fahrzeuge, die von einem Computer gesteuert werden und ohne menschlichen Fahrer auskommen. Computergesteuerte Autos von Google sind bereits mehr als eine halbe Million Kilometer unfallfrei auf öffentlichen Straßen gefahren. Dabei arbeitet auch die klassische deutsche Automobilindustrie an diesem Thema – Daimler, Continental und eben auch Bosch sind etwa auf diesem Feld aktiv. Bosch beispielsweise ist Weltmarktführer bei den Ultraschallsensoren, mit denen Einparkhilfen funktionieren. Diese Sensoren können die Entfernung zu anderen Fahrzeugen und Hindernissen messen und sind ein wichtiger Baustein zur Entwicklung von selbst fahrenden Fahrzeugen. Doch nicht nur die Sensoren werden auf diesem Zukunftsmarkt entscheiden, sondern auch welche Software die eingehenden Signale am schnellsten verarbeitet und die besten Antworten auf plötzlich auftretende Probleme findet. Continental hat sich deshalb mit Google verbündet. Es wird spannend sein, zu sehen, wie diese Zusammenarbeit, bei der alte und neue Innovations-, Führungs- und Arbeitskulturen aufeinanderprallen, funktioniert. Doch auch bei Bosch ist man klug genug, ebenfalls auf Know-how aus dem Silicon Valley zu setzen. Als Mitbegründer des Center for Automotive Research (CARS) an der amerikanischen Stanford University hat Bosch einen engen Draht zu Forschern in Stanford, die sich seit Jahren mit den entsprechenden Algorithmen befassen, die Fahrzeuge brauchen, um Sensordaten blitzschnell zu verarbeiten.

Auch hier prallen unterschiedliche Arbeits- und Kommunikationsweisen aufeinander, die Digital-Leadership-Know-how erfordern. Dabei bietet Bosch mit seinem Schieberegler-System Führungskräften bereits eine gute Orientierung, um klassisches Ingenieurswissen und den Erfindungsgeist und die Algorithmen aus dem Silicon Valley sinnvoll zu kombinieren. Ein Ergebnis ist übrigens bereits jetzt auf den Straßen von Palo Alto zu sehen: Ein selbst fahrendes Fahrzeug von Bosch leistet nun den autonomen Fahrzeugen von Google auf dem Highway Gesellschaft.

Durch Vernetzung werden auch klassische Prozesse besser

Die Notwendigkeit der Abwägung ändert aber nichts daran, dass Unternehmen als Ganzes, in ihren Grundstrukturen, in ihrer Mentalität, ihrem Rhythmus und ihrem Wollen, sich verändern und dazulernen müssen. Nur dann werden sie die beschriebenen Herausforderungen meistern. Unternehmen, die bereit sind, ständig zu lernen, hat der US-Autor Dave Gray als „Connected Companies"[42] bezeichnet, also als vernetzte Unternehmen. Er empfiehlt das Schaffen von kleinen, autonomen Abteilungen, die sowohl nach innen als auch in ihrem Kontakt nach außen große Freiheiten genießen und schnell Kundenwünsche umsetzen können. Anders als traditionelle Abteilungen sollten sie flexibel skalierbar und je nach anstehender Aufgabe in ihrer Zusammensetzung veränderbar sein.

Natürlich sind vernetzte Unternehmen noch die Ausnahme und nicht die Regel. Deshalb ist es auch so wichtig, einen Abgleich herzustellen. Ich möchte klassische und aus dem Netz abgeleitete Führungsmuster miteinander versöhnen und Führungskräfte in die Lage versetzen, sowohl ergebnisorientiert-vertikal und hierarchisch als auch interaktiv und netzwerkbasiert zu führen; Digital Leadership mit Leben zu füllen und das zu beherrschen, was Bosch „Führen in hybriden Organisationen" nennt.

In der dargestellten Weise dazuzulernen ist meiner Meinung nach keine Kann-Aufgabe, sondern Pflichtprogramm für jede Führungskraft, die sich um die Wettbewerbsfähigkeit ihres Unternehmens sorgt. Das Gute ist: Gerade wer in Unternehmen Verantwortung trägt, kann in einer Zeit wie dieser dafür sorgen, dass in der eigenen Organisation die richtigen Weichen gestellt werden. Einfache Angestellte können sich zwar vernetzen, sie können über Netzwerke ihre Meinung artikulieren, aber wirkliche Macht, um etwas so

---

42. Gray, David: *The Connected Company.* O'Reilly Media, Sebastopol 2012.

Grundlegendes wie den Führungsstil und die Unternehmenskultur zu verändern, haben sie nicht. Führen im digitalen Zeitalter bedeutet deshalb eben auch, auf dem Weg zum vernetzten Unternehmen voranzugehen. Nur wenn Manager bei der digitalen Transformation vorangehen, kann sie gelingen. Die Bereitschaft von Mitarbeitern, den Weg mitzugehen, ist dann groß, wenn sie sehen, dass es sich bei entsprechenden Plänen nicht nur um Lippenbekenntnisse handelt, nicht um Wohlfühlslogans, die dem Geschäftsbericht vorangestellt oder in den Unternehmensfluren ausgehängt werden.

Ob Worte und Taten im Einklang stehen, ob Manager wirklich bereit sind, ihr Führungsverhalten zu ändern, merken die Mitarbeiter sehr schnell. Und ob sie die visionäre Kraft haben, wirkliche Veränderungen anzustoßen, die das Unternehmen auf neue Beine stellen und neue Erfolgsmuster in die bewährten Arbeitsmuster integrieren. Zu gewinnen gibt es dabei einiges. Denn wer diesen Weg geht, hat die Chance, der von Gallup festgestellten lähmenden Motivationslosigkeit aus Kapitel 1 der überwiegenden Mehrheit der Angestellten in Deutschland entgegenzuwirken. Es geht darum, neue Businesschancen zu entdecken und zu nutzen, unter anderem durch das systematische Anzapfen des Wissens der eigenen Mitarbeiter.

Bauen Sie jetzt die Brücken in eine digitale Zukunft

Oder es wird das Wissen von Externen angezapft, die verteilt über den ganzen Globus sitzen, wie dies dem amerikanische Autohersteller Local Motors gelingt. Beides geht aber nur mit einer guten Portion Begeisterung. Die Begeisterung für Veränderungen aufzubringen ist aber gerade in der alten Industrienation Deutschland notwendig, wo man sich dank der weltweit erfolgreichen Auto- und Maschinenbau-Industrie, der hervorragenden Ingenieure und der Exportüberschüsse sicher fühlt. Dabei ist der globale Wandel ein Phänomen, das auch hierzulande Spuren hinterlässt. Etwa weil durch Innovatoren wie Local Motors die Entwicklungszeit von Fahrzeugen rapide gesunken ist.

Damit treibt Local Motors den Transformationsprozess in der gesamten Automobilindustrie voran – und zwar unabhängig davon, wie viele Autos diese Firma nun wirklich verkauft –, weil andere sich die Local-Motors-Erfolge zum Vorbild nehmen. Der amerikanische Elektroauto-Pionier Tesla zum Beispiel verlangt inzwischen zum Teil von seinen Zulieferern, komplette Komponentengruppen in nur neun Monaten zuzuliefern. Auch die großen deutschen Automobilzulieferer sind von diesem Anspruch nicht ausgenommen – und bei einigen wird nun fieberhaft daran gearbeitet, sicherzustellen, dass diese neuen, sportlichen Zeitpläne eingehalten werden können.

Stellen Sie sich vor, Sie sind der Manager eines solchen Zulieferunternehmens. Wie können Sie sicherstellen, dass Ihr Unternehmen bei dieser Art von Aufträgen in Zukunft nicht einfach außen vor bleibt, weil Sie nicht so rasch liefern können? Oder Sie sind Manager in einem anderen Unternehmen, das im Gegensatz zu den Verlagen, den Musikunternehmen oder den Einzelhandelsriesen den Veränderungsdruck noch nicht so stark spürt, dass es Gefahr läuft, zerrieben zu werden. In jedem Fall wäre es auch in dieser Position sicher gut, vorbereitet zu sein, Know-how in Sachen Digital Leadership aufzubauen und eine Organisation zu schaffen, die auf rasche Veränderungen vorbereitet ist und ihnen positiv gegenübersteht. Denn für die meisten Unternehmen in Deutschland ist es mittelfristig nicht die Frage, ob sie sich gerne mit Management by Internet auseinandersetzen möchten oder nicht. Es stellt sich eher die Frage, wie schnell sie beim Wandel sein müssen – schnell genug, um ihn gerade noch hinzubekommen, oder sogar so schnell, dass sie es schaffen, gegenüber dem Wettbewerb einen Vorsprung zu gewinnen? Es wäre großartig, wenn dieses Buch den einen oder anderen dazu motiviert, diesen Wandel anzupacken, und so aus einigen Lesern Digital Leader und echte Veränderer auf allen Ebenen macht.

Denn wer glaubt, er sei zu klein, um Veränderung zu bewirken, der hat noch nie die Nacht mit einer Mücke verbracht ...

Leadership Assessment –
ein Selbsttest:
Sind Sie ein Digital Leader?

⟳ f 8⁺

Anbei finden Sie Aussagen, die im Gegensatz zueinander stehen und die sich jeweils entweder an einer eher klassischen Form der Problemlösung orientieren oder sich einem durch Vernetzung geprägten Mindset zuordnen lassen. Bitte bewerten Sie die Aussagen wie folgt:

0 = Ich stimme voll mit dem Statement links überein.
1 = Ich finde mich eher bei dem Statement links wieder.
2 = Ich finde mich eher bei dem Statement rechts wieder.
3 = Ich stimme voll mit dem Statement rechts überein.

Bitte zählen Sie anschließend die Punktzahl zusammen und lesen Sie die Auswertung. Die Auswertung beruht eher auf der Erfahrung und soll Ihnen lediglich Denkanstöße geben.

Eine ständig aktualisierte Online-Version des Tests mit automatischer Auswertung finden Sie unter www.doubleyuu.com/leadership-assessment

#	Links	0	1	2	3	Rechts
1	Mitarbeiter sollen Zugriff auf so viele Informationen wie möglich haben, um ihre Aufgabe zu erledigen.	☒	1	2	3	Mitarbeiter sollen nur so viele Informationen erhalten, wie sie für eine bestimmte Aufgabe unbedingt benötigen.
2	Ich bevorzuge ein Verhältnis zu Kunden, Partnern oder Mitarbeitern, in dem man Anregungen und Kritik offen äußert.	☒	1	2	3	Ich bevorzuge ein Verhältnis zu Kunden, Partnern oder Mitarbeitern, in dem Dinge intern und unter vier Augen geklärt werden.
3	Kritik ist für mich eine Möglichkeit zu lernen, egal, von wem sie kommt.	☒	1	2	3	Bei Kritik fühle ich mich oft falsch verstanden.
4	Bei der Lösung beruflicher Fragestellungen nutze ich täglich Netzwerke wie Facebook, Twitter, LinkedIn oder Slideshare.	0	1	2	☒	Soziale Netzwerke eignen sich nur für die private Kommunikation und gehören nicht in den Arbeitsalltag.
5	Ich habe großen Spaß daran, neue Internet-Tools und Gadgets auszuprobieren.	0	☒	2	3	Ich bleibe lieber bei Werkzeugen, die ich kenne und deren Qualitäten erprobt sind.
6	Fehler sind notwendig, um etwas zu lernen.	☒	1	2	3	Fehler sollten auf jeden Fall vermieden werden.
7	Von Kunden kann man viel lernen.	☒	1	2	3	Den Kontakt mit Kunden, vor allem deren Beschwerden, empfinde ich oft als anstrengend.
8	Informationen öffentlich zu machen birgt mehr Chancen als Risiken.	0	☒	2	3	Informationen öffentlich zu machen birgt mehr Risiken als Chancen.
9	Beim Projektstart überlege ich zuerst, wen ich sinnvollerweise alles mit einbinden sollte.	0	1	2	☒	Beim Projektstart überlege ich zuerst, welche Aufgaben ich selbst erledigen sollte und was ich per Anweisung delegieren kann.
10	Ich bin fantasievoll, offen für Neues und vielfältig interessiert.	0	☒	2	3	Ich bin an der Sache orientiert und eher konservativ.

#	Statement (left)	0	1	2	3	Statement (right)
11	Bei schwierigen Fragen höre ich oft auf die Meinungen von anderen.	0	☒	2	3	Bei schwierigen Fragen verlasse ich mich auf eine gute Analyse oder auf mein Bauchgefühl.
12	Richtungsentscheidungen innerhalb meines Teams können ohne meine direkte Beteiligung getroffen werden.	0	1	☒	3	Richtungsentscheidungen treffe ich grundsätzlich selbst.
13	Ziele sollten Mitarbeiter gemeinsam festlegen.	☒	1	2	3	Ziele müssen von der Führungskraft vorgegeben werden.
14	Die Einbindung vieler beschleunigt Entscheidungen.	0	1	☒	3	Die Einbindung vieler verlangsamt Entscheidungen.
15	Menschen sollten ihre Arbeitszeit und ihren Arbeitsort selbst bestimmen können.	0	1	☒	3	Unternehmen brauchen Mitarbeiter mit festen Arbeitsorten und geregelten Arbeitszeiten.
16	Mich motivieren spannende Aufgaben, um die Welt zu verändern.	0	☒	2	3	Ich arbeite, um mein Leben finanziell abzusichern.
17	Prozesse, die einen täglichen Austausch der Mitarbeiter untereinander sicherstellen, sind sehr hilfreich.	☒	1	2	3	Führungskräfte müssen den Informationsfluss im Unternehmen steuern und kontrollieren.
18	Jeder Mitarbeiter kann die Aufgaben von anderen Kollegen einsehen.	0	1	☒	3	Für den Austausch über unsere Aufgaben nutzen wir meine Statusmeetings und Routinen.
19	Arbeitszwischenstände sollten frühzeitig im Unternehmen geteilt und Rückmeldungen eingeholt werden.	0	☒	2	3	Rückmeldungen sollten erst eingeholt werden, wenn es qualitätsgesicherte Ergebnisse gibt.
	Meine Gesamtpunktzahl beträgt					**Punkte**

Digital Leadership Assessment – Auswertung

0–7: Digital Leader

Sie haben die Mentalität, die ein Digital Leader braucht. Sie sind immer vorne mit dabei, wenn es um den Einsatz von Technologien und das Nutzen neuer Trends geht. Manchmal laufen Sie aber Gefahr, Ihr Umfeld und Ihre Organisation zu überfordern. Versuchen Sie, sich in die Gedanken derjenigen hineinzuversetzen, denen Veränderungen durch neue Technik und neue Organisationsformen Ängste bereiten.

8–21: Early Majority

Ihre Denkweise beinhaltet schon ganz viel von dem, was einen Digital Leader auszeichnet. Sie nutzen neue Methoden und Technologien, sobald Sie sehen, dass sie Ihnen bei Ihrem Job nützen. Mitunter laufen Sie aber Gefahr, Chancen zu verpassen. Trauen Sie sich ruhig etwas mehr Experimentierfreude zu.

22–42: Late Majority

Sich der Denkweise eines Digital Leaders anzunähern, kostet Sie Überwindung. Bevor Sie sich neue Technologien und Trends zunutze machen, muss für Sie klar sein, dass sich die Mühe auch lohnt. Dabei verpassen Sie regelmäßig Chancen. Versuchen Sie, die Vorteile des Managements by Internet aktiv für sich zu nutzen.

43–63: Entdecker

Für Sie sind das Internet und seine Muster noch weitgehend Neuland. Dabei befinden Sie sich leider in guter Gesellschaft. Suchen Sie das Gespräch mit Menschen aus der Internetgeneration über soziale Medien und lassen Sie sich überraschen ... Sie müssen nicht alles selbst ausprobieren, aber bauen Sie unbedingt in ihrem Team ein bis zwei Digital Leader auf und stärken Sie ihnen den Rücken.

GLOSSAR

Agiles Management

Managementmethode, die es im Gegensatz zur klassischen Planung über langfristige Pläne ermöglicht, auf kurzfristige neue Anforderungen, Trends und Gegebenheiten zu reagieren, also flexibel und schrittweise vorzugehen. Viel genutzt in der Softwareentwicklung, wird es mittlerweile auch in anderen Bereichen angewendet. Siehe auch Effectuation und Scrum.

BarCamp

Tagung, deren Inhalte von den Teilnehmern zu Beginn der Veranstaltung selbst entwickelt und dann in parallel ablaufenden Workshops (sogenannten Sessions von 30 bis 60 Minuten Dauer) ausgestaltet werden. Dient vor allem dem inhaltlichen Austausch und der Diskussion und besteht aus Vorträgen und Diskussionsrunden, die zu Beginn auf Pinnwänden durch die Teilnehmer selbst geplant werden. Alle Teilnehmer sind aufgefordert, selbst einen Vortrag zu halten oder zu organisieren, gesteuert wird die Veranstaltung durch einen Moderator oder ein Moderatorenteam.

Blog

Auch: Weblog; Kombination aus den Begriffen Web für World Wide Web und Log für Logbuch; eine Art Online-Tagebuch, in dem eine oder mehrere Personen (der/die Blogger) Berichte über bestimmte Gegebenheiten oder seine/ihre Gedanken in Artikeln niederschreiben.

Chat

Von engl. „plaudern"; bezeichnet digitale Kommunikationsformen in Echtzeit zum reinen Austausch mithilfe eines Messengers (z. B. WhatsApp), meist in Textform, alternativ auch als Audio- oder Videochat (z. B. Skype).

Co-Creation

Kreativprozess und Form der Zusammenarbeit, bei der in einem bestimmten Rahmen fachbereichs- und hierarchieübergreifend Mitarbeiter eines Unternehmens untereinander oder auch mit externen Partnern zusammen an Projekten arbeiten, neue Ideen entwickeln können und somit eine neue Form der Wertschöpfung erzielen.

Community

Engl. für Gemeinschaft; meist Online-Community oder Netzgemeinde, d. h. eine Ansammlung von Menschen, die sich virtuell in sozialen Netzwerken trifft, um sich dort auszutauschen.

Crowdfunding

Abgeleitet von funding in the crowd (engl.), der Finanzierung über eine größere Menschenmenge (Schwarmfinanzierung). Erfolgt üblicherweise über bestimmte Online-Plattformen, in denen Nutzer ihre Projekte, Produkte oder Geschäftsideen mit dem gewünschten Finanzierungsziel vorstellen können; wer ein Projekt attraktiv findet, kann durch seine Spende einen Beitrag zur Finanzierung leisten und somit das Projekt mit Eigenkapital versorgen. Bekannteste Beispiele: kickstarter, Startnext.

Crowdsourcing

Kombination von engl. crowd (Menschenmasse) und sourcing (Beschaffung); hier: Beschaffen von Wissen in einer Menschengruppe, um die Konzepte der Weisheit der vielen (kollektive Intelligenz) und der Schwarmintelligenz zu nutzen.

Daily Stand-ups

Tägliche Kurzbesprechungen in Teams mit dem Ziel, sich regelmäßig über die aktuellen Aufgaben und Informationen auszutauschen und

🕊 **f** 8⁺

darauf aufbauend Entscheidungen zu treffen sowie alle Teammit-
glieder auf einen einheitlichen Stand zu bringen. Jeder Teilnehmer
beantwortet hierbei folgende Fragen:

- „Was habe ich gestern erledigt?"
- „Was nehme ich mir bis morgen vor?"
- „Was behindert mich in meiner Arbeit?"

Digitale Transformation
Verwenden von neuartigen digitalen Technologien wie sozialen
Medien und Mobiltechnologien und dem dazu gehörenden Kulturwandel, um Unternehmen angesichts neuer Anforderungen, die
das Internetzeitalter mit sich bringt, zu verändern. Bezieht sich auf
interne und externe Kommunikation und Zusammenarbeit, aber
schließt auch die Entwicklung neuer Geschäftsmodelle wie E-Com-
merce mit ein.

Digital Leadership
Führung, die das klassische Management-Einmaleins beherrscht und
außerdem in der Lage ist, die Muster des Internets in vorhandene
Führungskonzepte zu integrieren und aus beiden Konzepten eine
zeitgemäße, Erfolg versprechende Synthese zu bilden.

Effectuation
Eigenständige, von erfahrenen Entrepreneuren in Situationen der
Ungewissheit bevorzugt eingesetzte agile Entscheidungslogik. Effectuation kehrt die kausale Logik, die auf Vorhersehbarkeit der Zukunft
basiert, um.

Enterprise 2.0
Verwendung von Vernetzungsplattformen in Unternehmen, die
funktional an soziale Netzwerke wie Facebook erinnern. Dazu gehört
die von Vertrauen, Offenheit, Partizipation und Agilität geprägte

Wertewelt dahinter. Enterprise 2.0 hat zum Ziel, die Zusammenarbeit und Kommunikation innerhalb und außerhalb des Unternehmens zu optimieren.

FedExDay
Offenes Veranstaltungsformat, das, wie der namensgebende Kurierdienst, innerhalb von 24 Stunden Ergebnisse liefert. Dadurch werden Teilaufgaben im Rahmen einer gemeinsamen Zielsetzung effizient und schnell abgearbeitet. Die Teilnehmer aus verschiedenen Bereichen arbeiten in Gruppen ihrer Wahl an selbst definierten Aufgaben. Einzige Vorgabe: Präsentiere deine Ergebnisse am Ende dieses Tages.

Internetforum
Virtueller Platz zum Austausch und zur Archivierung von Gedanken, Meinungen und Erfahrungen innerhalb einer registrierten Nutzerschar; Diskussionen beginnen, indem ein User ein neues Thema eröffnet und mit seinem Beitrag alle weiteren Nutzer zur Diskussion anregt.

Internetgeneration
Auch: Digital Natives; umfasst die Generationen der um die Jahrtausendwende (Generation Z) und der ab den 1980er-Jahren (Generation Y) Geborenen; Menschen, die mit dem Internet sozialisiert wurden und für die die zugehörigen Technologien und Wertemuster ganz selbstverständlich zum täglichen Leben gehören.

Kollektive Intelligenz
Soziologisches Phänomen, bei dem gemeinsam in einer Gruppe nach dem Motto „Gemeinsam sind wir klüger" eine Entscheidung gefunden bzw. ein Sachverhalt geklärt werden kann. Das Internet mit seinem hohen Vernetzungsgrad beschleunigt den Prozess, indem

nicht nur die Weisheit eines Einzelnen, sondern einer beliebig große Anzahl an Menschen angesprochen wird.

Long Tail

Grundannahme: Ein Anbieter kann im Internet durch eine große Anzahl an Nischenprodukten Gewinn machen. Dieser Effekt trifft insbesondere für den Musik- und Bücherverkauf zu, wo selten verkaufte Titel in einem konventionellen Verkaufsgeschäft zu hohe Kosten verursachen würden, in einem Online-Shop dagegen nicht. Der Name leitet sich von der Ähnlichkeit der Verkaufsgrafik mit einem langen Schwanz ab.

Management by Internet

Die Fähigkeit, die vier Erfolgsmuster Vernetzung, Offenheit, Partizipation und Agilität effizient zu nutzen, sie und die damit verbundene Denkweise in das Unternehmen einzubringen und den Gebrauch notwendiger Online-Werkzeuge wie Social-Media-Plattformen zu beherrschen.

OpenSpace

Methode zur (Un-)Strukturierung von Besprechungen und Konferenzen mit einer Dauer zwischen 4 und 10 Stunden; eignet sich in Unternehmen für Gruppen von etwa 30 bis 200 Teilnehmern. Charakteristisch ist die inhaltliche und formale Offenheit: Teilnehmer geben eigene Themen ins Plenum und gestalten dazu je eine Arbeitsgruppe, in der mögliche Lösungen erarbeitet werden. Die Ergebnisse werden am Schluss gesammelt. Wichtig ist ein Steuerkreis, der für die anschließende Umsetzung sorgt.

Rapid Recovery

Methode für eine positive Fehlerkultur getreu dem Motto „Aus Fehlern lernt man" bzw. im Silicon Valley: „fail early, fail fast, fail often" (scheitere früh, scheitere schnell, scheitere oft). Der wichtigste Bestandteil einer positiven Fehlerkultur ist, dass Fehler nicht mehr sanktioniert werden. Mitarbeiter werden motiviert, Rückschläge transparent zu machen, sodass Fehler analysiert und Wiederholungen vermieden werden können. Dadurch wird jeder Fehler zu einer Chance, sich weiterzuentwickeln.

Scrum

Das englische Wort Scrum heißt eigentlich „Gedränge" und beschreibt ein Vorgehensmodell, das zuerst für die Entwicklung von Software eingesetzt wurde. Der Ansatz von Scrum beruht auf der Erfahrung, dass die meisten Entwicklungsprojekte inzwischen zu komplex sind, um durchgängig planvoll umgesetzt zu werden. Statt auf den Masterplan zu Beginn setzt Scrum auf die permanente Nutzung von Feedback, um nach zwei- bis vierwöchigen Entwicklungsintervallen auf der Grundlage von Rückmeldungen zum bisher Erreichten die nächsten Schritte zu definieren. Die Vorgehensweise, große Aufgaben in Einzelschritte zu zerlegen, deren Erfüllung zu überprüfen und auf Grundlage von Feedback das weitere Vorgehen zu planen, lässt sich aber auch für Projekte jenseits der Softwareentwicklung nutzen.

Social Business

Beschreibt die Verwendung von Vernetzungsplattformen für Kommunikation und Zusammenarbeit, um Interessengruppen des Unternehmens sowohl extern als auch intern miteinander zu vernetzen. Siehe auch Enterprise 2.0.

Social Media

Engl. für soziale Medien; digitale Medien und Technologien, die es Nutzern ermöglichen, untereinander im hierarchiefreien Dialog multimediale Inhalte auszutauschen, zu kommunizieren, gemeinsam

Inhalte zu erstellen und durch soziale Funktionen wie Kommentare und Bewertungen (z. B. „Like"-Button auf Facebook) zu interagieren.

Social Collaboration

Kooperative Zusammenarbeit von mehreren Personen oder ganzen Gruppen in einem geschützten Arbeitsbereich einer sozialen Plattform, in dem ausgewählte Personen oder ganze Gruppen gemeinschaftlich und vernetzt arbeiten, Dokumente austauschen und kommunizieren können; hilft somit, den Wissens- und Informationsaustausch zu optimieren.

Social Intranet

Ein Intranet ist eine Online-Plattform innerhalb eines Firmennetzwerks, das den Mitarbeitern als Wissens- und Informationsplattform dient; in Kombination mit sozialen Funktionen der sozialen Medien und dem Grundgedanken von sozialen Netzwerken spricht man von einem Social Intranet, welches den Mitarbeitern zusätzlich als Kollaborationsplattform für einen optimierten gegenseitigen Austausch und zur Zusammenarbeit dient.

Social Project Management

Klassische Methoden des Projektmanagements, wie die Arbeit mit Aufgabenlisten und Zeitleisten, werden um Techniken und Vorgehensweisen aus der Welt der Social-Business-Netzwerke ergänzt, etwa die Nutzung von Diskussionsforen oder die individuelle Vernetzung von Projektmitarbeitern miteinander. Dadurch wird der Austausch von Informationen und Wissen zwischen den Projektmitgliedern gefördert.

Soziale Netzwerke

Plattformen, über die sich Menschen mit gleichen Interessen und Wissensgebieten vernetzen und hierarchiefrei in Dialog treten können. Jeder tritt mit seinem persönlichen Profil nach außen auf. Medien, die zur Kommunikation und zum Austausch beitragen, werden als soziale Medien (siehe Social Media) bezeichnet. Bekannte Beispiele: Facebook, Twitter, Google+, Xing, LinkedIn, Pinterest.

Microblogging

Digitaler Kurznachrichtendienst in Echtzeit zum Verschicken von Kurznachrichten und Statusbeiträgen mit maximal 140 Zeichen. Jeder kann anderen Personen und ihren Nachrichten folgen und/oder selbst einen eigenen Zuhörerkreis für die eigenen Nachrichten aufbauen. Bekanntestes Beispiel ist Twitter – abgeleitet von „to tweet", engl. „zwitschern".

Vertrauensbonus

Der Vertrauensbonus ist ein variabler Gehaltsanteil, der im Gegensatz zu klassischen variablen Gehaltsanteilen grundsätzlich voll ausgezahlt wird. Lediglich in Ausnahmesituationen, wie einem existenzbedrohenden finanziellen Engpass des Unternehmens, wird er einbehalten. Der Vertrauensbonus ist eine Alternative zu finanziellen Anreizsystemen, bei denen Mitarbeiter aufgrund des Erreichens persönlicher Ziele und Kennzahlen oder in Abhängigkeit vom Gesamterfolg des Unternehmens mehr Geld erhalten.

Wiki

Online-Lexikon, in dem Nutzer nicht nur Artikel lesen, sondern auch selbst Artikel beisteuern können. Bekanntestes Beispiel ist Wikipedia.

240 Seiten
broschiert,
19,90 [D] / 20,50 [A]
ISBN: 978-3-86470-089-7

Michael Ehlers:
Kommunikationsrevolution Social Media

Soziale Medien haben unser Kommunikationsverhalten
revolutioniert. Doch wie nutze ich sie optimal? Wie erkenne
und umgehe ich die Risiken? Kommunikationsprofi Michael
Ehlers gibt Antworten für alle, die Social Media erfolgreich,
effektiv und sicher nutzen möchten – von Eltern, die ihre
Kinder schützen wollen, bis zum Unternehmer, der seine
Marke im Netz richtig positionieren muss.

BOOKS4SUCCESS

352 Seiten
geb. mit SU,
19,99 [D] / 20,59 [A]
ISBN: 978-3-86470-177-1

Porter Gale:
Du bist, wen du kennst

Gute Beziehungen verhelfen zum nächsten Job, dem begehrten
Auftrag oder zur neuen Wohnung. Porter Gale zeigt, wie Sie
in nur 13 Schritten ein Netzwerk aufbauen, das Ihnen in jeder
Lebenslage Rückhalt bietet und Ihnen zu mehr Zufriedenheit,
Glück und Erfolg verhilft. Ein zentrales Element dabei sind
die Möglichkeiten, die sich durch soziale Medien wie Twitter
und Co ergeben.

BOOKS4SUCCESS